思科系列丛书

广域网技术精要与实践

蒋建峰　杜梓平　编著

电子工业出版社
Publishing House of Electronics Industry
北京·BEIJING

内 容 简 介

本书针对高职高专教育的培养目标和要求,以广域网相关技术的原理与操作技能为主要内容,根据改版更新后的思科网络技术 CCNA RS 版本及 CCNA 认证考试要求,合理安排教学与实验内容,充分体现了理论实践一体化的理念,把实验操作与理论知识相结合,符合高职高专学生的学习、认知特点。全书共 8 章,第 1 章主要介绍广域网链路封装技术 HDLC 和 PPP 的基本操作技能;第 2 章介绍帧中继 FR 的概念和基本配置;第 3 章主要介绍网络访问控制技术 ACL 及相关配置;第 4 章介绍 DHCP 协议的工作原理和配置;第 5 章介绍网络地址转换协议 NAT 的特点、类型及配置;第 6 章详细介绍广域网安全主流技术 VPN 的工作原理和配置;第 7 章介绍网络管理、网络监管的技术与配置;第 8 章介绍下一代网络技术 IPv6 协议的特点和过渡技术及配置技能。

本书既可作为高职高专计算机网络专业的教材,也可作为对计算机网络技术感兴趣的相关专业技术人员和广大自学者的参考书。

未经许可,不得以任何方式复制或抄袭本书之部分或全部内容。
版权所有,侵权必究。

图书在版编目(CIP)数据

广域网技术精要与实践 / 蒋建峰,杜梓平编著. —北京:电子工业出版社,2017.8
(思科系列丛书)
ISBN 978-7-121-32070-5

Ⅰ. ①广… Ⅱ. ①蒋… ②杜… Ⅲ. ①广域网—高等职业教育—教材 Ⅳ. ①TP393.2

中国版本图书馆 CIP 数据核字(2017)第 154030 号

策划编辑:宋　梅
责任编辑:王敬栋
印　　刷:北京天宇星印刷厂
装　　订:北京天宇星印刷厂
出版发行:电子工业出版社
　　　　　北京市海淀区万寿路 173 信箱　邮编　100036
开　　本:787×980　1/16　印张:10.75　字数:248 千字
版　　次:2017 年 8 月第 1 版
印　　次:2024 年 1 月第 12 次印刷
定　　价:39.00 元

凡所购买电子工业出版社图书有缺损问题,请向购买书店调换。若书店售缺,请与本社发行部联系,联系及邮购电话:(010)88254888,88258888。
质量投诉请发邮件至 zlts@phei.com.cn,盗版侵权举报请发邮件至 dbqq@phei.com.cn。
本书咨询联系方式:mariams@phei.com.cn。

前 言

CCNA RS 较之前的 CCNA 版本有了较大的改变，本书在思科网络技术 CCNA RS 改版及 CCNA 认证考证全面更新的基础上，针对性地安排最新的内容与实验。本书是"思科系列丛书"中的一册，与作者的上一部著作《路由与交换技术精要与实践》构成 CCNA RS6.0 的完整教学内容。编著者长期从事网络技术专业的教学工作，同时与业内知名企业合作紧密，在技能型人才配型方面有着独到的经验，本书旨在提供一本理论实践一体化、充分体现技能培养的校企合作规划教材。

本书内容安排以基础性和实践性为重点，力图在讲述广域网技术相关协议工作原理的基础上，注重对学生的实践技能培养。本书的主要特色是教学内容设计做到了理论与技术应用对接，具有鲜明的专业教材特色。在理论上把各个协议的原理讲述透彻；在实验的设计方面以实际工程应用为基础，与实际工程接轨，以真实设备与仿真软件相结合。

全书内容分为 8 章。

第 1 章主要介绍广域网链路封装技术 HDLC 和 PPP 的基本操作技能。

第 2 章介绍帧中继 Frame Relay 的概念和基本配置。

第 3 章主要介绍网络访问控制技术 ACL 的分类、工作原理及相关配置。

第 4 章介绍 DHCP 协议的工作原理、安全措施和配置。

第 5 章介绍了网络地址转换协议 NAT 的特点、类型及配置。

第 6 章详细介绍广域网安全主流技术 VPN 的工作原理和配置。

第 7 章介绍网络管理、网络监管的技术与配置。

第 8 章介绍下一代网络技术 IPv6 协议的特点和过渡技术及配置技能。

本教材作为苏州工业园区服务外包学院江苏省示范教材建设项目成果，由江苏省青蓝工程项目资助，第 1、2、5、6、7、8 章由蒋建峰老师撰稿，第 3、4 章由杜梓平老师撰稿，全书由蒋建峰老师修改定稿。参加本书编写的还有蒋建锋、刘源等老师。特别感谢思科公司华东区经理张冉和南京建策公司培训经理吉旭对编写工作的支持。

本教材配套有教学资源 PPT 课件，如有需要，请登录电子工业出版社华信教育资源网（www.hxedu.com.cn），注册后免费下载。

由于作者水平有限，书中难免存在错误和疏漏之处，敬请各位老师和同学指正，可发送邮件至：alaneroson@126.com。

编 著 者
2017 年 6 月

目 录

第1章 广域网技术 ·· 1

- 1.1 广域网 WAN 概述 ·· 2
- 1.2 HDLC 简介 ··· 3
  - 1.2.1 HDLC 协议 ··· 3
  - 1.2.2 HDLC 帧格式 ·· 3
- 1.3 PPP 简介 ·· 4
  - 1.3.1 PPP 协议 ··· 4
  - 1.3.2 PPP 帧格式 ··· 5
  - 1.3.3 PPP 认证 ··· 6
  - 1.3.4 MLP ·· 7
- 1.4 实训一：HDLC 基本配置 ·· 7
- 1.5 实训二：PPP 封装与认证配置 ·· 9
  - 1.5.1 PAP 单向认证 ·· 9
  - 1.5.2 CHAP 单向认证 ·· 11
  - 1.5.3 PAP&CHAP 双向认证 ·· 13
- 1.6 实训三：MLP 配置 ··· 17

第2章 帧中继 ··· 20

- 2.1 帧中继简介 ·· 21
  - 2.1.1 帧中继术语 ·· 21
  - 2.1.2 帧中继帧格式 ··· 22
  - 2.1.3 帧中继映射 ·· 23
  - 2.1.4 帧中继子接口 ··· 24
- 2.2 实训一：配置帧中继交换机 ·· 25
- 2.3 实训二：帧中继子接口配置 ·· 29
  - 2.3.1 点对点子接口 ··· 29
  - 2.3.2 多点子接口 ·· 32

第 3 章 访问控制列表 ACL ... 37

3.1 ACL 简介 ... 38
3.1.1 ACL 的用途 ... 38
3.1.2 ACL 类型 ... 38
3.1.3 ACL 工作原理 ... 39
3.2 实训一：标准 ACL 配置 ... 40
3.3 实训二：扩展 ACL 配置 ... 43
3.4 实训三：命名 ACL 配置 ... 47
3.5 实训四：基于 MAC 地址的 ACL 配置 ... 54
3.6 实训五：基于时间的 ACL 配置 ... 55

第 4 章 动态主机配置协议 DHCP ... 58

4.1 DHCP 简介 ... 59
4.1.1 DHCP 的特点 ... 59
4.1.2 DHCP 的工作原理 ... 59
4.1.3 DHCP 消息格式 ... 62
4.2 实训一：DHCP 服务器配置 ... 63
4.3 实训二：DHCP 中继配置 ... 72
4.4 实训三：DHCP Snooping 配置 ... 74

第 5 章 网络地址转换 NAT ... 81

5.1 NAT 简介 ... 82
5.1.1 NAT 的特点 ... 82
5.1.2 NAT 的类型 ... 83
5.1.3 NAT 工作原理 ... 84
5.2 实训一：静态 NAT 配置 ... 86
5.3 实训二：动态 NAT 配置 ... 90
5.4 实训三：NAT 过载配置 ... 93
5.5 实训四：内部服务器端口映射 ... 95

第 6 章 虚拟专网 VPN ... 98

6.1 VPN 简介 ... 99
6.1.1 VPN 特点 ... 99

	6.1.2　VPN 类型	100
	6.1.3　VPN 工作原理	101
	6.1.4　IPsec	104
	6.1.5　GRE 隧道	106
6.2	实训一：Site to Site VPN 配置	107
6.3	实训二：远程访问 VPN	113
6.4	实训三：GRE over IPsec VPN 配置	121

第 7 章　网络管理与监控 ·· 126

7.1	SNMP	127
7.2	Syslog	127
7.3	NTP	128
7.4	NetFlow	128
7.5	实训一：SNMP 配置	128
7.6	实训二：Syslog 配置	136
7.7	实训三：NTP 配置	138
7.8	实训三：NetFlow 配置	140

第 8 章　IPv6 技术 ·· 144

8.1	IPv6 简介	145
	8.1.1　IPv6 特点	145
	8.1.2　IPv6 消息格式	146
	8.1.3　IPv6 地址类型	147
	8.1.4　IPv6 过渡技术	147
8.2	实训一：IPv6 地址配置	148
8.3	实训二：IPv6 过渡技术配置	150
	8.3.1　手工隧道配置	150
	8.3.2　6to4 隧道配置	154
	8.3.3　ISATAP 隧道配置	156
	8.3.4　IPv6NAT-PT 配置	158

参考文献 ·· 164

第1章 >>>

广域网技术

本章要点

- 广域网 WAN 概述
- HDLC 简介
- PPP 简介
- 实训一：HDLC 基本配置
- 实训二：PPP 封装与认证配置
- 实训三：MLP 配置

广域网即 WAN（Wide Area Network），是覆盖较大地理范围的数据通信网络。WAN 可能会覆盖一座城市、一个国家/地区或全球，一般情况广域网使用 ISP（Internet Service Provider）提供的传输设施传输数据。

1.1 广域网 WAN 概述

企业必须将局域网（LAN）连接到一起才能通信，而各个企业有总部、分部及远程办事处等，这些网络必须通过广域网连接到一起，企业则需要支付一定的费用来使用运营商提供的 WAN 网络服务。图 1-1 所示是一个广域网互连网络架构。

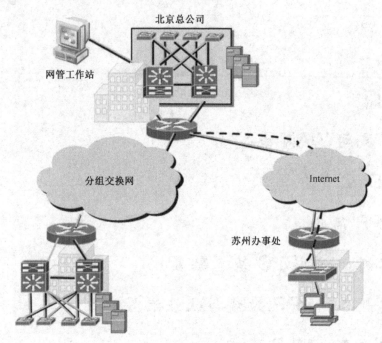

图 1-1　广域网互连架构

广域网技术中，最常见的两种数据交换技术是电路交换和分组交换。

1. 电路交换（Circuit Switching）

采用电路交换技术进行数据传输期间，在源和目的节点之间有一条利用中间节点构成的专用物理连接线路，直到数据传输结束，这条物理线路才被释放被其他通信所用。如果两个相邻节点之间的通信容量很大，那么这两个节点之间可以复用多条线路。用电路交换技术完成数据传输，需要经历电路建立、数据传输、电路拆除三个过程。

2. 分组交换（Packet Switching）

将一个报文分成若干个组，每个分组的长度有一个上限，典型长度是数千个 bit 位。有限长度的分组使每个节点所需要的存储能力降低，提高了交换速度，分组交换适用于交互式通信。

1.2 HDLC 简介

1.2.1 HDLC 协议

高级数据链路控制（HDLC，High-level Data Link Control）是一种面向比特的链路层协议，其最大特点是对任何一种比特流，均可以实现透明的传输。HDLC 协议具有以下优点。
- **透明传输**：HDLC 不依赖于任何一种字符编码集，数据报文可以实现透明传输。
- **可靠性高**：所有帧均采用 CRC 校验，对信息帧进行顺序编号，可防止漏收和重发。
- **传输效率高**：在 HDLC 中，额外的开销比特少，允许高效的差错控制和流量控制。
- **适应性强**：HDLC 规程能适应各种比特类型的工作站和链路。
- **结构灵活**：在 HDLC 中，传输控制功能和处理功能分离，层次清楚，应用非常灵活。

1.2.2 HDLC 帧格式

在 HDLC 中，数据和控制报文均以帧的标准格式传送，完整的 HDLC 的帧由标志字段（F）、地址字段（A）、控制字段（C）、信息字段（I）、帧校验字段（FCS）等组成，其格式如图 1-2 所示。

字段名称	标志F	地址A	控制C	信息I	帧校验序列 FCS	标志F
大小	1个字节 01111110	1个字节	1个字节	N个字节	2个或4个字节	1个字节 01111110

图 1-2　HDLC 帧格式

- **标志字段（F）**：标志字段为 01111110 的比特模式，用以标志帧的起始和前一帧的结束。

- **地址字段（A）**：地址字段表示链路上站的地址。在许多系统中规定，地址字段为"11111111"时，定义为全站地址，即通知所有的接收站接收有关的命令帧并按其动作；全"0"比特为无站地址，用于测试数据链路的状态。
- **控制字段（C）**：控制字段用来表示帧类型、帧编号，以及命令、响应等。HDLC 帧分为三种类型，即信息帧、监控帧、无编号帧，分别简称 I 帧（Information）、S 帧（Supervisory）、U 帧（Unnumbered）。
- **信息字段（I）**：信息字段内包含了用户的数据信息和来自上层的各种控制信息，其长度未作严格限制，目前用的比较多的是 1000～2000 bit。Cisco 设备封装的 HDLC 帧中，此字段包含了一个用于识别封装网络协议的字段 Protocol，用于支持多协议的问题。
- **帧校验序列字段（FCS）**：帧校验序列用于对帧进行循环冗余校验，其校验范围从地址字段的第 1 比特到信息字段的最后一比特的序列，并且规定为了透明传输而插入的"0"不在校验范围内。

1.3 PPP 简介

点对点（PPP，Point to Point）协议是用于在两个节点之间传送帧的协议。PPP 标准有 IETF 的 RFC 定义。PPP 是一种用于广域网的数据链路层协议，可在多种串行 WAN 中实施，可用于各种物理介质，包括双绞线、光缆、卫星传输及虚拟连接。PPP 可用于承载多种三层协议，如 IPv4、IPv6 和 IPX。

1.3.1 PPP 协议

PPP 主要包括以下协议。
- **链路控制协议（LCP，Link Control Protocol）**：用来建立、拆除和监控数据链路。
- **网络控制协议（NCP，Network Control Protocol）**：用来协商在数据链路上所传输的网络层报文的一些属性和类型。

PPP 协议的分层体系架构如图 1-3 所示。

第 1 章 广域网技术 <<< 5

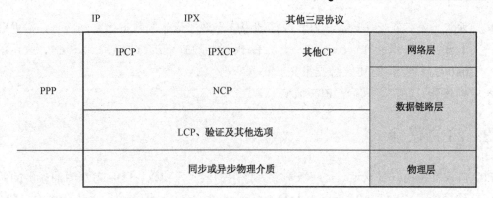

图 1-3　PPP 分层体系架构

PPP 链路的建立共有 5 个阶段，如图 1-4 所示。

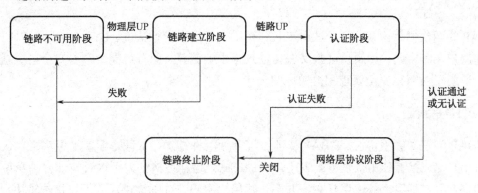

图 1-4　PPP 链路建立过程

1.3.2　PPP 帧格式

PPP 帧的格式如图 1-5 所示。

| 标志 | 地址 | 控制 | 协议 | 信息域 | 帧校验 | 标志 |

图 1-5　PPP 帧格式

- **标志**：1 字节，填充 0x7E，用来标示 PPP 帧的开始和结束。
- **地址**：1 字节，对方的数据链路层地址，因为 PPP 协议是点对点的链路层协议，所以此字节无意义，用 0xFF 填充。
- **控制**：1 字节，填充 0x03。

- 协议：2 字节，用于标志 PPP 数据帧中信息域所承载的数据报文的内容，常见取值如 0xc021，表示 LCP；0xc023，表示 PAP；0xc223，表示 CHAP；0x8021，表示 NCP；0x0021，表示 IP 协议数据报文。
- 帧校验：2 字节，用于 PPP 帧检查。

1.3.3 PPP 认证

PPP 协议支持用户的认证，是广域网接入使用的最广泛协议，目前 PPP 用的最多的两种认证是口令认证协议（PAP，Password Authentication Protocol）和质询握手认证协议（CHAP，Challenge Handshake Authentication Protocol）认证。

1. PAP 认证

PAP 为两次握手协议，它通过用户名和密码来对用户进行认证。PAP 在网络上以明文的方式传递用户名和密码，如果认证报文在传输过程中被截获，便有可能对网络安全造成威胁。因此，它适用于对网络安全要求相对较低的环境。

2. CHAP 认证

CHAP 为三次握手协议，CHAP 认证过程分为两种方式：认证方配置了用户名、认证方没有配置用户名。推荐使用认证方配置用户名的方式，这样被认证方可以对认证方的身份进行确认。CHAP 只在网络上传输用户名，并不传输用户密码（准确地讲，它不直接传输用户密码，传输的是用 MD5 算法将用户密码与一个随机报文 ID 一起计算的结果），因此它的安全性要比 PAP 高，其工作过程如图 1-6 所示。

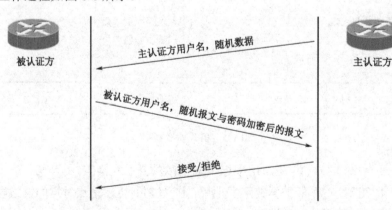

图 1-6　CHAP 认证过程

1.3.4 MLP

MLP（MultiLink PPP）可以将多条 PPP 链路捆绑起来。对于 MLP 链路两端的设备，就好像只有一条 PPP 连接，只需配置一个 IP 地址。MLP 具有以下优点。
- 增加带宽。
- 负载分担。
- 降低时延。

1.4 实训一：HDLC 基本配置

【实验目的】
- 掌握串行链路上的封装概念。
- 掌握 HDLC 封装。
- 验证配置。

【实验拓扑】

实验拓扑如图 1-7 所示。

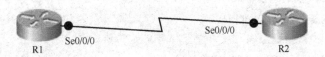

图 1-7 实验拓扑

设备参数如表 1-1 所示。

表 1-1 设备参数表

设 备	接 口	IP 地址	子网掩码	默认网关
R1	S0/0/0	192.168.12.1	255.255.255.0	N/A
R2	S0/0/0	192.168.12.2	255.255.255.0	N/A

【实验内容】

1. 配置接口封装

（1）R1 的基本配置

```
R1(config)#interface Serial0/0/0
R1(config-if)#ip address 192.168.12.1 255.255.255.0
R1(config-if)#encapsulation hdlc
//配置 HDLC 封装，思科路由器的串行接口默认是 HDLC 协议封装的
R1(config-if)#no shutdown
```

（2）R2 的基本配置

```
R2(config)#interface Serial0/0/0
R2(config-if)#ip address 192.168.12.2 255.255.255.0
R2(config-if)#encapsulation hdlc
R2(config-if)#no shutdown
```

2. 查看接口信息

```
R1#show interfaces Serial0/0/0
Serial0/0/0 is up, line protocol is up
  Hardware is GT96K Serial
  Internet address is 192.168.12.2/24
  MTU 1500 bytes, BW 1544 Kbit/sec, DLY 20000 usec,
     reliability 255/255, txload 1/255, rxload 1/255
  Encapsulation HDLC, loopback not set
//接口封装的协议是 HDLC
  Keepalive set (10 sec)
  Last input 00:00:07, output 00:00:06, output hang never
  Last clearing of "show interface" counters never
  Input queue: 0/75/0/0 (size/max/drops/flushes); Total output drops: 0
  Queueing strategy: weighted fair
  Output queue: 0/1000/64/0 (size/max total/threshold/drops)
     Conversations  0/1/256 (active/max active/max total)
     Reserved Conversations 0/0 (allocated/max allocated)
     Available Bandwidth 1158 kilobits/sec
  5 minute input rate 0 bits/sec, 0 packets/sec
```

5 minute output rate 0 bits/sec, 0 packets/sec
　　15 packets input, 1584 bytes, 0 no buffer
　　Received 15 broadcasts, 0 runts, 0 giants, 0 throttles
　　0 input errors, 0 CRC, 0 frame, 0 overrun, 0 ignored, 0 abort
　　13 packets output, 906 bytes, 0 underruns
　　0 output errors, 0 collisions, 7 interface resets
　　0 unknown protocol drops
　　0 output buffer failures, 0 output buffers swapped out
　　1 carrier transitions
　　DCD=up　DSR=up　DTR=up　RTS=up　CTS=up

1.5 实训二：PPP 封装与认证配置

1.5.1 PAP 单向认证

【实验目的】
- 掌握 PAP 单向验证配置。
- 掌握 PAP 单向验证调试。

【实验拓扑】
实验拓扑如图 1-8 所示。

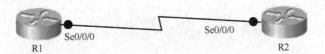

图 1-8　实验拓扑

设备参数如表 1-2 所示。

表 1-2　设备参数表

设　备	接　口	IP 地址	子网掩码	默认网关
R1	S0/0/0	192.168.12.1	255.255.255.0	N/A
R2	S0/0/0	192.168.12.2	255.255.255.0	N/A

【实验内容】

本实验配置路由器 R1（远程路由器，被验证方）被路由器 R2（中心路由器，验证方）验证。

1. 配置 PAP 单向认证

（1）R1 的基本配置

```
R1(config)#interface Serial0/0/0
R1(config-if)#ip address 192.168.12.1 255.255.255.0
R1(config-if)#encapsulation ppp
R1(config-if)#ppp pap sent-username R1 password cisco
//配置客户端发送给中心路由器验证的用户名和密码
R1(config-if)#no shutdown
```

（2）R2 的基本配置

```
R2(config)#username R1 password cisco
//建立本地验证数据库
R2(config)#interface Serial0/0/0
R2(config-if)#clock rate 128000
R2(config-if)#ip address 192.168.12.2 255.255.255.0
R2(config-if)#encapsulation ppp
R2(config-if)#ppp authentication pap
//配置 PAP 验证的主认证方
R2(config-if)#no shutdown
```

2. 实验调试

（1）查看 PPP 验证过程

```
R2#debug ppp authentication
*May 11 07:16:11.959: Se0/0/0 PPP: Authorization required
*May 11 07:16:11.963: Se0/0/0 PAP: I AUTH-REQ id 16 len 13 from "R1"
//收到用户名 R1 发送的 id 为 16、长度为 13 的验证请求
*May 11 07:16:11.963: Se0/0/0 PAP: Authenticating peer R1
//开始验证对端
*May 11 07:16:11.967: Se0/0/0 PPP: Sent PAP LOGIN Request
//发送 PAP 登录请求
```

```
*May 11 07:16:11.967: Se0/0/0 PPP: Received LOGIN Response PASS
//收到登录通过响应
*May 11 07:16:11.967: Se0/0/0 PPP: Sent LCP AUTHOR Request
//发送 LCP 授权请求
*May 11 07:16:11.967: Se0/0/0 PPP: Sent IPCP AUTHOR Request
//发送 IPCP 授权请求
*May 11 07:16:11.971: Se0/0/0 LCP: Received AAA AUTHOR Response PASS
//收到 AAA 对 LCP 授权响应
*May 11 07:16:11.971: Se0/0/0 IPCP: Received AAA AUTHOR Response PASS
//收到 AAA 对 IPCP 授权响应
*May 11 07:16:11.971: Se0/0/0 PAP: O AUTH-ACK id 16 len 5
//发送 id 为 17，长度为 5 的验证确认
*May 11 07:16:11.971: Se0/0/0 PPP: Sent CDPCP AUTHOR Request
//发送 CDPCP 授权请求
*May 11 07:16:11.971: Se0/0/0 CDPCP: Received AAA AUTHOR Response PASS
//收到 AAA 对 CDPCP 授权响应
```

（2）验证失败调试

如果在路由器 R2 上没有配置本地验证数据库，或者两端用户名和密码错误，将导致验证失败。下面是由于本地数据库没有配置用户名和密码而导致验证失败的例子，调试信息如下：

```
*May 11 07:28:01.483: Se0/0/0 PPP: Authorization required
*May 11 07:28:01.491: Se0/0/0 PAP: I **AUTH-REQ** id 87 len 13 from "R1"
*May 11 07:28:01.491: Se0/0/0 PAP: Authenticating peer R1
*May 11 07:28:01.491: Se0/0/0 PPP: Sent PAP LOGIN Request
*May 11 07:28:01.495: Se0/0/0 PPP: Received LOGIN Response FAIL
*May 11 07:28:01.495: Se0/0/0 PAP: O **AUTH-NAK** id 87 len 26 msg is "**Authentication failed**"
```

1.5.2 CHAP 单向认证

【实验目的】
- 掌握 CHAP 单向验证配置。
- 掌握 CHAP 单向验证调试。

【实验拓扑】
实验拓扑如图 1-9 所示。

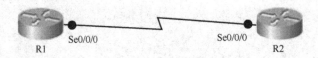

图 1-9 实验拓扑

设备参数如表 1-3 所示。

表 1-3 设备参数表

设备	接口	IP 地址	子网掩码	默认网关
R1	S0/0/0	192.168.12.1	255.255.255.0	N/A
R2	S0/0/0	192.168.12.2	255.255.255.0	N/A

【实验内容】

本实验配置路由器 R1（远程路由器，被验证方）被路由器 R2（中心路由器，验证方）验证。

1. 配置 CHAP 单向认证

（1）R1 的基本配置

```
R1(config)#interface Serial0/0/0
R1(config-if)#ip address 192.168.12.1 255.255.255.0
R1(config-if)#encapsulation ppp
R1(config-if)#ppp chap hostname R1
R1(config-if)#ppp chap password cisco
//配置客户端发送给中心路由器验证的用户名和密码
R1(config-if)#no shutdown
```

（2）R2 的基本配置

```
R2(config)#username R1 password cisco
//建立本地验证数据库
R2(config)#interface Serial0/0/0
R2(config-if)#clock rate 128000
R2(config-if)#ip address 192.168.12.2 255.255.255.0
R2(config-if)#encapsulation ppp
R2(config-if)#ppp authentication chap
//配置 CHAP 验证，此路由器为主认证方
```

R2(config-if)#**no shutdown**

2. 实验调试

（1）查看 PPP 验证过程

```
R2#debug ppp authentication
*May 11 07:39:46.019: Se0/0/0 CHAP: O CHALLENGE id 17 len 23 from "R2"
//从 R2 发送 ID 为 17 的质询
*May 11 07:39:46.027: Se0/0/0 CHAP: I RESPONSE id 17 len 23 from "R1"
//从 R1 接收 ID 为 17 的响应
*May 11 07:39:46.027: Se0/0/0 PPP: Sent CHAP LOGIN Request
*May 11 07:39:46.027: Se0/0/0 PPP: Received LOGIN Response PASS
*May 11 07:39:46.031: Se0/0/0 PPP: Sent LCP AUTHOR Request
*May 11 07:39:46.031: Se0/0/0 PPP: Sent IPCP AUTHOR Request
*May 11 07:39:46.031: Se0/0/0 LCP: Received AAA AUTHOR Response PASS
*May 11 07:39:46.031: Se0/0/0 IPCP: Received AAA AUTHOR Response PASS
*May 11 07:39:46.031: Se0/0/0 CHAP: O SUCCESS id 17 len 4
//从 R2 发送 ID 为 17 的验证成功信息
*May 11 07:39:46.031: Se0/0/0 PPP: Sent CDPCP AUTHOR Request
*May 11 07:39:46.035: Se0/0/0 CDPCP: Received AAA AUTHOR Response PASS
```

以上输出表明 CHAP 验证确实是 3 次握手。

（2）验证失败调试

如果在路由器 R2 上没有配置本地验证数据库，或者两端用户名和密码错误，将导致验证失败。下面是由于本地数据库没有配置用户名和密码而导致验证失败的例子，调试信息如下：

```
*May 11 07:58:08.787: Se0/0/0 CHAP: O CHALLENGE id 20 len 23 from "R2"
*May 11 07:58:08.791: Se0/0/0 CHAP: I RESPONSE id 20 len 23 from "R1"
*May 11 07:58:08.795: Se0/0/0 PPP: Sent CHAP LOGIN Request
*May 11 07:58:08.795: Se0/0/0 PPP: Received LOGIN Response FAIL
*May 11 07:58:08.795: Se0/0/0 CHAP: O FAILURE id 20 len 25 msg is "Authentication failed"
```

1.5.3 PAP&CHAP 双向认证

【实验目的】
- 掌握 PAP 双向验证配置。

- 掌握 CHAP 双向验证配置。
- 掌握 PAP 双向验证调试。
- 掌握 CHAP 双向验证调试。

【实验拓扑】

实验拓扑如图 1-10 所示。

图 1-10 实验拓扑

设备参数如表 1-4 所示。

表 1-4 设备参数表

设 备	接 口	IP 地址	子网掩码	默认网关
R1	S0/0/0	192.168.12.1	255.255.255.0	N/A
R2	S0/0/0	192.168.12.2	255.255.255.0	N/A
	S0/0/1	192.168.23.2	255.255.255.0	N/A
R3	S0/0/0	192.168.23.3	255.255.255.0	N/A

【实验内容】

本实验实现路由器 R1 和路由器 R2 间双向 PAP 认证，路由器 R2 和路由器 R3 间双向 CHAP 认证。

1. 配置双向认证

（1）R1 的基本配置

```
R1(config)#username R2 password cisco
R1(config)#interface Serial0/0/0
R1(config-if)#ip address 192.168.12.1 255.255.255.0
R1(config-if)#encapsulation ppp
R1(config-if)#ppp authentication pap
R1(config-if)#ppp pap sent-username R1 password cisco
R1(config-if)#no shutdown
```

（2）R2 的基本配置

```
R2(config)#username R1 password cisco
R2(config)#username R3 password cisco
R2(config)#interface Serial0/0/0
R2(config-if)#clock rate 128000
R2(config-if)#ip address 192.168.12.2 255.255.255.0
R2(config-if)#encapsulation ppp
R2(config-if)#ppp authentication pap
R2(config-if)#ppp pap sent-username R2 password cisco
R2(config-if)#no shutdown
R2(config)#interface Serial0/0/1
R2(config-if)#clock rate 128000
R2(config-if)#ip address 192.168.23.2 255.255.255.0
R2(config-if)#encapsulation ppp
R2(config-if)#ppp authentication chap
R2(config-if)#ppp chap hostname R2
R2(config-if)#ppp chap password cisco
R2(config-if)#no shutdown
```

（3）R3 的基本配置

```
R3(config)#username R2 password cisco
R3(config)#interface Serial0/0/0
R3(config-if)#ip address 192.168.23.3 255.255.255.0
R3(config-if)#encapsulation ppp
R3(config-if)#ppp authentication chap
R3(config-if)#ppp chap hostname R3
R3(config-if)#ppp chap password cisco
R3(config-if)#no shutdown
```

2. 实验调试

（1）查看 PPP 验证过程

```
R2#debug ppp authentication
*May 11 09:07:06.987: Se0/0/0 PPP: Authorization required
*May 11 09:07:06.991: Se0/0/0 PAP: Using hostname from interface PAP
*May 11 09:07:06.991: Se0/0/0 PAP: Using password from interface PAP
```

```
*May 11 09:07:06.991: Se0/0/0 PAP: O AUTH-REQ id 4 len 13 from "R2"
*May 11 09:07:06.995: Se0/0/0 PAP: I AUTH-REQ id 9 len 13 from "R1"
*May 11 09:07:06.995: Se0/0/0 PAP: Authenticating peer R1
*May 11 09:07:06.995: Se0/0/0 PPP: Sent PAP LOGIN Request
*May 11 09:07:06.995: Se0/0/0 PPP: Received LOGIN Response PASS
*May 11 09:07:06.995: Se0/0/0 PPP: Sent LCP AUTHOR Request
*May 11 09:07:06.995: Se0/0/0 PPP: Sent IPCP AUTHOR Request
*May 11 09:07:06.999: Se0/0/0 PAP: I AUTH-ACK id 4 len 5
*May 11 09:07:06.999: Se0/0/0 LCP: Received AAA AUTHOR Response PASS
*May 11 09:07:06.999: Se0/0/0 IPCP: Received AAA AUTHOR Response PASS
*May 11 09:07:06.999: Se0/0/0 PAP: O AUTH-ACK id 9 len 5
*May 11 09:07:06.999: Se0/0/0 PPP: Sent CDPCP AUTHOR Request
*May 11 09:07:07.003: Se0/0/0 CDPCP: Received AAA AUTHOR Response PASS
*May 11 09:20:29.055: Se0/0/1 CHAP: O CHALLENGE id 40 len 23 from "R2"
*May 11 09:20:29.055: Se0/0/1 CHAP: I CHALLENGE id 153 len 23 from "R3"
*May 11 09:20:29.059: Se0/0/1 CHAP: Using hostname from interface CHAP
*May 11 09:20:29.059: Se0/0/1 CHAP: Using password from AAA
*May 11 09:20:29.059: Se0/0/1 CHAP: O RESPONSE id 153 len 23 from "R2"
*May 11 09:20:29.059: Se0/0/1 CHAP: I RESPONSE id 40 len 23 from "R3"
*May 11 09:20:29.059: Se0/0/1 PPP: Sent CHAP LOGIN Request
*May 11 09:20:29.063: Se0/0/1 PPP: Received LOGIN Response PASS
*May 11 09:20:29.063: Se0/0/1 PPP: Sent LCP AUTHOR Request
*May 11 09:20:29.063: Se0/0/1 PPP: Sent IPCP AUTHOR Request
*May 11 09:20:29.063: Se0/0/1 LCP: Received AAA AUTHOR Response PASS
*May 11 09:20:29.063: Se0/0/1 IPCP: Received AAA AUTHOR Response PASS
*May 11 09:20:29.063: Se0/0/1 CHAP: O SUCCESS id 40 len 4
*May 11 09:20:29.067: Se0/0/1 CHAP: I SUCCESS id 153 len 4
*May 11 09:20:29.067: Se0/0/1 PPP: Sent CDPCP AUTHOR Request
*May 11 09:20:29.067: Se0/0/1 CDPCP: Received AAA AUTHOR Response PASS
*May 11 09:20:29.071: Se0/0/1 PPP: Sent IPCP AUTHOR Request
```

（2）验证失败调试

如果在任一路由器上没有配置本地验证数据库，或者两端用户名和密码错误，将导致验证失败。下面是由于本地数据库没有配置用户名和密码而导致验证失败的例子，调试信息如下：

```
*May 11 09:27:26.507: Se0/0/0 PPP: Authorization required
```

```
*May 11 09:27:26.511: Se0/0/0 PAP: Using hostname from interface PAP
*May 11 09:27:26.511: Se0/0/0 PAP: Using password from interface PAP
*May 11 09:27:26.511: Se0/0/0 PAP: O AUTH-REQ id 21 len 13 from "R2"
*May 11 09:27:26.515: Se0/0/0 PAP: I AUTH-REQ id 26 len 13 from "R1"
*May 11 09:27:26.515: Se0/0/0 PAP: Authenticating peer R1
*May 11 09:27:26.515: Se0/0/0 PPP: Sent PAP LOGIN Request
*May 11 09:27:26.519: Se0/0/0 PPP: Received LOGIN Response FAIL
*May 11 09:27:26.519: Se0/0/0 PAP: O AUTH-NAK id 26 len 26 msg is "Authentication failed"
*May 11 09:28:55.659: Se0/0/1 PPP: Authorization required
*May 11 09:28:55.663: Se0/0/1 CHAP: O CHALLENGE id 45 len 23 from "R2"
*May 11 09:28:55.667: Se0/0/1 CHAP: I CHALLENGE id 158 len 23 from "R3"
*May 11 09:28:55.671: Se0/0/1 CHAP: Using hostname from interface CHAP
*May 11 09:28:55.671: Se0/0/1 CHAP: Using password from interface CHAP
*May 11 09:28:55.671: Se0/0/1 CHAP: O RESPONSE id 158 len 23 from "R2"
*May 11 09:28:55.671: Se0/0/1 CHAP: I RESPONSE id 45 len 23 from "R3"
*May 11 09:28:55.671: Se0/0/1 PPP: Sent CHAP LOGIN Request
*May 11 09:28:55.671: Se0/0/1 PPP: Received LOGIN Response FAIL
*May 11 09:28:55.675: Se0/0/1 CHAP: O FAILURE id 45 len 25 msg is "Authentication failed"
```

1.6 实训三：MLP 配置

【实验目的】
- 掌握多链路捆绑的配置。
- 验证配置。

【实验拓扑】

实验拓扑如图 1-11 所示。

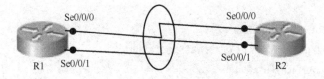

图 1-11 实验拓扑

设备参数如表 1-5 所示。

表 1-5　设备参数表

设备	接口	IP 地址	子网掩码	默认网关
R1	Multilink1	192.168.12.1	255.255.255.0	N/A
R2	Multilink1	192.168.12.2	255.255.255.0	N/A

【实验内容】

1. 配置捆绑组

（1）R1 的基本配置

```
R1(config)#interface multilink 1
//创建捆绑组，编号为 1
R1(config-if)#ip address 192.168.12.1 255.255.255.0
R1(config)#interface Serial0/0/0
R1(config-if)#encapsulation ppp
//捆绑组成员封装 PPP 协议
R1(config-if)#ppp multilink
//开启 PPP 链路捆绑
R1(config-if)#ppp multilink group 1
//将接口加入到捆绑组中
R1(config-if)#no shutdown
R1(config)#interface Serial0/0/1
R1(config-if)#encapsulation ppp
R1(config-if)#ppp multilink group 1
R1(config-if)#no shutdown
```

（2）R2 的基本配置

```
R2(config)#interface multilink 1
R2(config-if)#ip address 192.168.12.2 255.255.255.0
R2(config)#interface Serial0/0/0
R2(config-if)#encapsulation ppp
R2(config-if)#ppp multilink
R2(config-if)#ppp multilink group 1
R2(config-if)#no shutdown
R2(config)#interface Serial0/0/1
```

R2(config-if)#**encapsulation ppp**
R2(config-if)#**ppp multilink group 1**
R2(config-if)#**no shutdown**

2. 查看接口信息

R1#show interfaces Multilink1
Multilink1 is **up**, line protocol is **up**
//链路状态为 UP
 Hardware is multilink group interface
 Internet address is 192.168.12.1/24
 MTU 1500 bytes, BW 256 Kbit/sec, DLY 100000 usec,
  reliability 255/255, txload 1/255, rxload 1/255
 Encapsulation PPP, LCP Open, multilink Open
//该接口为 PPP 封装
 (------省略部分输出------)

第2章

帧中继

本章要点

- 帧中继简介
- 实训一：配置帧中继交换机
- 实训二：帧中继子接口配置

帧中继（FR，Frame Relay）是由国际电信联盟通信标准化组与美国国家标准化协会制定的一种标准。它是一种面向连接的数据链路技术，为提供高性能和高效率数据传输进行了技术简化。它靠高层协议进行差错校正，并充分利用了当今光纤和数字网络技术。

2.1 帧中继简介

帧中继协议是一种简化的 X.25 广域网协议，是一种统计复用的协议，它能够在单一物理传输线路上提供多条虚电路。每条虚电路用 DLCI（Data Link Connection Identifier，数据链路连接标志符）来标志。每条虚电路通过 LMI（Local Management Interface，本地管理接口）协议检测和维护虚电路的状态。

2.1.1 帧中继术语

1. 帧中继接口

帧中继网络提供了用户设备之间进行数据通信的能力。数据终端设备被称作 DTE（Data Terminal Equipment）；数据通信设备被称为 DCE（Data Circuit-terminating Equipment）。

DTE 和 DCE 之间的接口被称为用户网络接口（UNI，User-to-Network Interface），连接 DTE 的一端称为 DTE 接口，连接 DCE 的一端称为 DCE 接口；网络与网络之间的接口被称为网络接口（NNI，Network-to-Network Interface）。在实际应用中，DTE 接口只能和 DCE 接口连接，NNI 接口只能和 NNI 接口连接。

2. 虚电路

虚电路（VC，Virtual Circuit）通过为每一对 DTE 设备分配一个连接标志符，实现多个逻辑数据会话在同一条物理链路上进行多路复用。虚电路分为以下两种类型。

- 永久虚电路（PVC，Permanent Virtual Circuit）：手工配置产生或者通过 LMI 协商动态学到的虚电路，目前是帧中继使用最多的连接方式。
- 交换虚电路（SVC，Switched Virtual Circuit）：在两个帧中继终端用户之间通过呼叫建立虚电路连接，网络在建好的虚电路上提供数据信息的传送服务，终端用户提供呼叫清除来终止虚电路连接。

3. 数据链路连接标志符

数据链路连接标志符（DLCI）用于标志 DTE 和 FR 之间的逻辑虚拟电路。DLCI 只在本地接口和与之直接相连的对端接口有效,只具有本地意义,不具有全局有效性,服务商提供的 DLCI 范围通常为 16~1007。

4. 本地管理接口

本地管理接口(MLI)用于管理永久虚电路 PVC,是在 DTE 设备和 FR 之间的一种信令标准,它负责管理链路连接和保持设备间的状态。

2.1.2 帧中继帧格式

帧中继采用通路链路访问规程 LAPD(高级数据链路控制规程 HDLC 的子集),LAPD 的帧格式和帧中继的帧格式如图 2-1 所示。

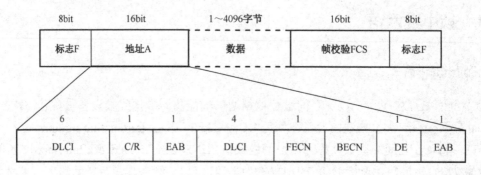

图 2-1 帧中继帧格式

帧中继的帧由帧头(标志 F 和地址 A)、数据和帧尾(帧校验 FCS 和 F)3 部分组成。与分组交换的帧格式相比,简化了地址字段和控制字段,并将两部分合并,仍称为地址字段。

- **DLCI**:由两部分组成,前一部分 6bit,后一部分 4bit,共 10bit,用于区分不同的帧中继连接。
- **C/R**(命令/响应比特):该比特在帧中继中不用。
- **EAB**(地址段扩张比特):该比特用于指示地址是否扩展。若 EAB 置为 "0" 表示本字节是地址字段的最后一个字节;若 EAB 置为 "1",表示还有下一个字节。
- **FECN**(前向拥塞告知比特):用于通知远端用户已遇到网络阻塞,要设法防止数据丢失。
- **BECN**(后向拥塞告知比特):用于通知源用户,告之数据在传送的返回路径上遇到了阻塞。
- **DE**(丢弃指示):用于指示在网路拥塞情况下丢弃信息帧的适用性。通常当网路拥塞后,帧中继网络会将 DE 比特置 "1" 但对于具有较高优先级别的帧,不可以丢弃,此时 DE 应置 "0"。
- **FSC**（帧序列校验序列）：用于保证在传输过程中帧的正确性。在帧中继接入设备的发送端及接收端都要进行 CRC 校验的计算。如果结果不一致，则丢弃该帧，如果需要重新发送，则由高层协议来处理。

2.1.3 帧中继映射

帧中继地址映射可以通过下面两种方式建立。
- 静态配置：手工建立对端 IP 地址与本地 DLCI 的映射关系。当网络拓扑比较稳定，短时间内不会有变化或新的用户加入时，可以使用静态配置。一方面，它可以保障映射链路不发生变化，使网络链路连接比较稳定；另一方面，它可以防止其他未知用户的攻击，提高网络安全性。
- 动态建立：运行反转 ARP（IARP，Inverse ARP）后，可以动态地建立对端 IP 地址与本地 DLCI 的映射关系。适用于对端设备也支持 Inverse ARP 且网络较复杂的情况。

Inverse ARP 的功能是从第二层地址中获取其他站点的第三层地址。Inverse ARP 将对端的 IP 地址解析为本地的 DLCI 值，其工作原理如图 2-2 所示。

① 路由器从 DLCI 为 100 的 PVC 发送 Inverse ARP 包，Inverse ARP 包中包含 IP 地址 172.168.5.5。

② 帧中继网云进行数据交换，之后经过 PVC 把 Inverse ARP 包发送给 DLCI 为 400 的路由器。

③ DLCI 为 400 的路由器建立映射：172.168.5.5→400。

④ 同理，DLCI 为 100 的路由器经过 Inverse ARP 包建立映射：172.168.5.7→100。

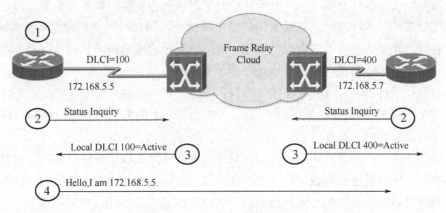

图 2-2　Inverse ARP 工作原理

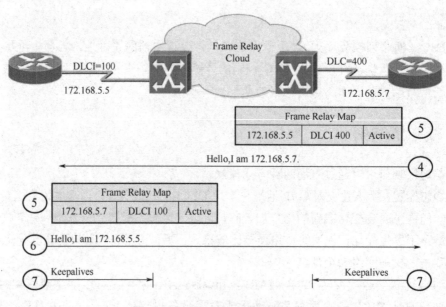

图 2-2 Inverse ARP 工作原理（续）

2.1.4 帧中继子接口

帧中继有两种类型的接口：主接口和子接口。其中子接口是一个逻辑结构，可以配置协议地址和虚电路等，一个物理接口可以有多个子接口。虽然子接口是逻辑结构，并不实际存在，但对于网络层而言，子接口和主接口是没有区别的，都可以配置虚电路与远端设备相连。

帧中继的子接口又可以分为两种类型：点到点（point-to-point）子接口和点到多点（point-to-multipoint）子接口。点到点子接口用于连接单个远端目标，点到多点子接口用于连接多个远端目标。点到多点子接口在一个子接口上配置多条虚电路，每条虚电路都和它相连的远端网络地址建立一个地址映射，这样不同的虚电路就可以到达不同的远端而不会混淆。

地址映射的建立可以用手工配置的方法，也可以利用逆向地址解析协议来动态建立。点到点子接口和多点子接口配置虚电路及地址映射的方法是不同的。

- 点到点子接口：对点到点子接口而言，因为只有唯一的一个对端地址，所以在给子接口配置一条 PVC 时实际已经确定了对端地址，不能配置静态地址映射，也不能动态学习地址映射。
- 多点子接口：对点到多点子接口，对端地址与本地 DLCI 映射可以通过配置静态地址映射，或者通过逆向地址解析协议来确定（Inverse ARP 在主接口上配置即可）。如果要建立静态地址映射，则应该对每一条虚电路建立静态地址映射关系。

2.2 实训一：配置帧中继交换机

【实验目的】
- 理解帧中继交换表的工作原理。
- 理解 PVC 的概念。
- 用路由器模拟在自己交换机的配置。
- 验证配置。

【实验拓扑】
实验拓扑如图 2-3 所示。

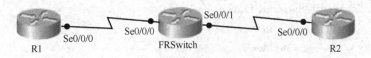

图 2-3 实验拓扑

设备参数如表 2-1 所示。

表 2-1 设备参数表

设 备	接 口	DLCI	设 备	接 口	DLCI
R1	S0/0/0	102	R2	S0/0/0	201

IP 地址参数如表 2-2 所示。

表 2-2 IP 地址参数表

设 备	接 口	IP 地址	子网掩码	默认网关
R1	S0/0/0	192.168.123.1	255.255.255.0	N/A
R2	S0/0/0	192.168.123.2	255.255.255.0	N/A

【实验内容】

1. 配置帧中继交换机

```
FRSwitch(config)#frame-relay switching
//使路由器模拟为帧中继交换机
FRSwitch(config)#interface serial 0/0/0
FRSwitch(config-if)#clock rate 128000
```

```
FRSwitch(config-if)#encapsulation frame-relay
//配置接口封装帧中继
FRSwitch(config-if)#no shutdown
FRSwitch(config-if)#frame-relay lmi-type cisco
//配置 LMI 类型，可选类型 ansi、cisco 和 q933a（默认是 cisco）。
FRSwitch(config-if)#frame-relay intf-type dce
//配置接口为帧中继的 DCE
FRSwitch(config-if)#frame-relay route 102 interface Serial0/0/1 201
//定义当前接口和 Serial0/0/1 之间的 PVC，建立帧中继交换表
FRSwitch(config)#interface serial 0/0/1
FRSwitch(config-if)#clock rate 128000
FRSwitch(config-if)#encapsulation frame-relay
FRSwitch(config-if)#no shutdown
FRSwitch(config-if)#frame-relay lmi-type cisco
FRSwitch(config-if)#frame-relay intf-type dce
FRSwitch(config-if)#frame-relay route 201 interface Serial0/0/0 102
```

2. 配置路由器封装帧中继

```
R1(config)#interface Serial0/0/0
R1(config-if)#ip address 192.168.123.1 255.255.255.0
R1(config-if)#encapsulation frame-relay
//接口封装帧中继
R1(config-if)#frame-relay intf-type dte
//配置接口为帧中继的 DTE，此处可不配置（封装了帧中继的接口默认为 DTE）
R1(config-if)#no shutdown j
R2(config)#interface Serial0/0/0
R2(config-if)#ip address 192.168.123.2 255.255.255.0
R2(config-if)#encapsulation frame-relay
R2(config-if)#no shutdown
```

3. 实验调试

首先查看接口进入和送出的 DLCI，以及状态是否是 active，输出如下：

FRSwitch#show frame-relay route				
Input Intf	Input Dlci	Output Intf	Output Dlci	Status
Serial0/0/0	102	Serial0/0/1	201	active

//该行信息的含义是帧中继交换机从 Serial0/0/0 接口收到 DLCI=103 的帧后，要从 Serial0/0/1 接口交换出去，并且 DLCI 被替换为 301

| Serial0/0/1 | 201 | Serial0/0/0 | 102 | active |

显示帧中继交换机上配置的所有 PVC 统计信息，输出如下：

FRSwitch#**show frame-relay pvc**
PVC Statistics for interface Serial0/0/0 (**Frame Relay DCE**)

	Active	Inactive	Deleted	Static
Local	0	0	0	0
Switched	1	0	0	0
Unused	0	0	0	0

//以上 4 行输出表示该接口有 1 条处于活动状态的 PVC

DLCI = 102, **DLCI USAGE** = SWITCHED, **PVC STATUS** = ACTIVE, **INTERFACE** = Serial0/0/0
//DLCI 为 102 的 PVC 处于活动状态，本地接口是 Serial0/0/0，DLCI 用途是完成帧中继 DLCI 交换

 input pkts 14　　　　　　output pkts 14　　　　　　in bytes 1386
 out bytes 1386　　　　　dropped pkts 0　　　　　　in pkts dropped 0
 out pkts dropped 0　　　　　　out bytes dropped 0
 in FECN pkts 0　　　　　in BECN pkts 0　　　　　　out FECN pkts 0
 out BECN pkts 0　　　　 in DE pkts 0　　　　　　　out DE pkts 0
 out bcast pkts 0　　　　out bcast bytes 0
 30 second input rate 0 bits/sec, 0 packets/sec
 30 second output rate 0 bits/sec, 0 packets/sec
 switched pkts 14
 Detailed packet drop counters:
 no out intf 0　　　　　　out intf down 0　　　　　　no out PVC 0
 in PVC down 0　　　　　out PVC down 0　　　　　　pkt too big 0
 shaping Q full 0　　　　 pkt above DE 0　　　　　　policing drop 0
 pvc create time 01:12:25, last time pvc status changed 00:24:22
 //以上输出是 DLCI 为 103 的 PVC 统计信息
(------省略部分输出------)

显示帧中继交换机上 LMI 的统计信息，输出如下：

FRSwitch#**show frame-relay lmi**
LMI Statistics for interface Serial0/0/0 (**Frame Relay DCE**) **LMI TYPE** = CISCO
 Invalid Unnumbered info 0　　　　Invalid Prot Disc 0
 Invalid dummy Call Ref 0　　　　 Invalid Msg Type 0

　　　　　Invalid Status Message 0　　　　　　　Invalid Lock Shift 0
　　　　　Invalid Information ID 0　　　　　　　Invalid Report IE Len 0
　　　　　Invalid Report Request 0　　　　　　 Invalid Keep IE Len 0
　　　　　Num **Status Enq. Rcvd** 256　　　　 Num **Status msgs Sent** 256
　　　　　//帧中继交换机收到的 LMI 状态查询消息的数量及从帧中继交换机向路由器发送的 LMI 状态信息的数量
　　　　　Num Update Status Sent 0　　　　　　Num St Enq. Timeouts 11
　　　　　//以上 7 行显示了接口 Serial0/0/0 的 LMI 的统计信息
　　　　LMI Statistics for interface Serial0/0/1 **(Frame Relay DCE) LMI TYPE** = CISCO
　　　　　Invalid Unnumbered info 0　　　　　　Invalid Prot Disc 0
　　　　　Invalid dummy Call Ref 0　　　　　　 Invalid Msg Type 0
　　　　　Invalid Status Message 0　　　　　　　Invalid Lock Shift 0
　　　　　Invalid Information ID 0　　　　　　　Invalid Report IE Len 0
　　　　　Invalid Report Request 0　　　　　　 Invalid Keep IE Len 0
　　　　　Num Status Enq. Rcvd 170　　　　　　 Num Status msgs Sent 170
　　　　　Num Update Status Sent 0　　　　　　 Num St Enq. Timeouts 183
　　　　　//以上 7 行显示了接口 Serial0/0/1 的 LMI 的统计信息

　　显示封装帧中继接口的路由器上帧中继的映射信息，输出如下：

　　　　R1#**show frame-relay map**
　　　　Serial0/0/0 (up): ip 192.168.123.2 dlci 102(0x66,0x1860), **dynamic**,
　　　　　　　　　broadcast,, status defined, **active**
　　　　R2#**show frame-relay map**
　　　　Serial0/0/0 (up): ip 192.168.123.1 dlci 201(0xC9,0x3090), **dynamic**,
　　　　　　　　　broadcast,, status defined, **active**
　　　　//以上输出显示了帧中继逆向 ARP 的作用结果；每条记录都显示了远端 IP 地址和本地 DLCI 的映射关系；"Broadcast"参数允许在 PVC 上传输广播或组播流量；"dynamic"表明是动态映射

　　Ping 测试输出如下：

　　　　R1#**ping 192.168.123.1**
　　　　Type escape sequence to abort.
　　　　Sending 5, 100-byte ICMP Echos to 192.168.123.1, timeout is 2 seconds:
　　　　......
　　　　Success rate is **0 percent (0/5)**
　　　　R1#**ping 192.168.123.2**
　　　　Type escape sequence to abort.

Sending 5, 100-byte ICMP Echos to 192.168.123.2, timeout is 2 seconds:

!!!!!

Success rate is **100 percent (5/5)**, round-trip min/avg/max = 28/28/32 ms

R2#**ping 192.168.123.2**

Type escape sequence to abort.

Sending 5, 100-byte ICMP Echos to 192.168.123.2, timeout is 2 seconds:

......

Success rate is **0 percent (0/5)**

R2#**ping 192.168.123.1**

Type escape sequence to abort.

Sending 5, 100-byte ICMP Echos to 192.168.123.1, timeout is 2 seconds:

!!!!!

Success rate is **100 percent (5/5)**, round-trip min/avg/max = 28/29/32 ms

//以上输出可以看出每台路由器都不能 ping 通自己封装帧中继的串行接口 IP 地址，但是可以 ping 通远端的串行接口 IP 地址，这是因为自己的帧中继映射表中没有到自己接口 IP 地址和 DLCI 的映射条目。采用逆向 ARP 做动态映射无法解决该问题，只有通过静态映射解决。

2.3 实训二：帧中继子接口配置

2.3.1 点对点子接口

【实验目的】
- 理解帧中继点对点子接口的特点。
- 掌握帧中继点对点子接口的配置。
- 验证配置。

【实验拓扑】

实验拓扑如图 2-4 所示。

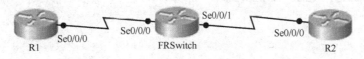

图 2-4 实验拓扑

设备参数如表 2-3 所示。

表 2-3　设备参数表

设　备	接　口	DLCI	设　备	接　口	DLCI
R1	S0/0/0	102	R2	S0/0/0	201

IP 地址参数如表 2-4 所示。

表 2-4　IP 地址参数表

设　备	接　口	IP 地址	子网掩码	默认网关
R1	S0/0/0.12	192.168.123.1	255.255.255.0	N/A
R2	S0/0/0.21	192.168.123.2	255.255.255.0	N/A

【实验内容】

帧中继交换机的配置参照实训一。

1. 帧中继路由器

（1）R1 路由器的配置

```
R1(config)#interface Serial0/0/0
R1(config-if)#no ip address
//物理接口下不配置 IP 地址
R1(config-if)#encapsulation frame-relay
//物理接口封装帧中继
R1(config-if)#no frame-relay inverse-arp
//关闭帧中继逆向 ARP 解析
R1(config-if)#no shutdown
R1(config)#interface Serial0/0/0.12 point-to-point
//创建帧中继点到点子接口，注意接口模式为 point-to-point
R1(config-subif)#ip address 192.168.123.1 255.255.255.0
R1(config-subif)#frame-relay interface-dlci 102
//配置帧中继映射
```

（2）R2 路由器的配置

```
R2(config)#interface Serial0/0/0
R2config-if)#no ip address
```

R2(config-if)#**encapsulation frame-relay**
R2(config-if)#**no frame-relay inverse-arp**
R2(config-if)#**no shutdown**
R2(config)#**interface Serial0/0/0.12 point-to-point**
R2(config-subif))#**ip address 192.168.123.2 255.255.255.0**
R1(config-subif)#**frame-relay interface-dlci 201**

2. 实验调试

（1）查看帧中继映射

R1#**show frame-relay map**
Serial0/0/0.12 (up): **point-to-point dlci**, dlci 102(0x66,0x1860), **broadcast**
　　　　　status defined, **active**
//点到点子接口下只有 DLCI，没有对端的 IP 地址
R2#**show frame-relay map**
Serial0/0/0.21 (up): **point-to-point dlci**, dlci 201(0xC9,0x3090), **broadcast**
　　　　　status defined, **active**

（2）Ping 测试

R1#**ping 192.168.123.1**
Type escape sequence to abort.
Sending 5, 100-byte ICMP Echos to 192.168.123.1, timeout is 2 seconds:
!!!!!
Success rate is **100 percent (5/5)**, round-trip min/avg/max = 28/28/32 ms
//由于本次实验是静态映射，每台路由器已经可以 ping 通自身封装帧中继的接口 IP 地址
R1#**ping 192.168.123.2**
Type escape sequence to abort.
Sending 5, 100-byte ICMP Echos to 192.168.123.2, timeout is 2 seconds:
!!!!!
Success rate is **100 percent (5/5)**, round-trip min/avg/max = 28/28/28 ms

R2#**ping 192.168.123.1**
Type escape sequence to abort.
Sending 5, 100-byte ICMP Echos to 192.168.123.1, timeout is 2 seconds:
!!!!!
Success rate is 100 **percent (5/5)**, round-trip min/avg/max = 28/28/28 ms

32 >>> 广域网技术精要与实践

> R2#**ping 192.168.123.2**
> Type escape sequence to abort.
> Sending 5, 100-byte ICMP Echos to 192.168.123.2, timeout is 2 seconds:
> !!!!!
> Success rate is **100 percent (5/5)**, round-trip min/avg/max = 28/28/32 ms

2.3.2 多点子接口

【实验目的】
- 理解帧中继多点子接口的特点。
- 掌握帧中继多点子接口的配置。
- 验证配置。

【实验拓扑】

实验拓扑如图 2-5 所示。

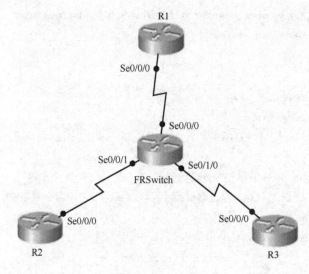

图 2-5 实验拓扑

设备参数如表 2-5 所示。

表 2-5　设备参数表

设备	接口	DLCI	设备	接口	DLCI
R1	S0/0/0	102	R2	S0/0/0	201
R1	S0/0/0	103	R3	S0/0/0	301

IP 地址参数如表 2-6 所示。

表 2-6　IP 地址参数表

设备	接口	IP 地址	子网掩码	默认网关
R1	S0/0/0.1	192.168.123.1	255.255.255.0	N/A
R2	S0/0/0.1	192.168.123.2	255.255.255.0	N/A
R3	S0/0/0.1	192.168.123.2	255.255.255.0	N/A

【实验内容】

1. 路由器基础配置

（1）R1 的基本配置

```
R1(config)#interface Serial0/0/0
R1(config-if)#no ip address
R1(config-if)#encapsulation frame-relay
R1(config-if)#no frame-relay inverse-arp
R1(config-if)#no shutdown
R1(config)#interface Serial0/0/0.1 multipoint
//创建帧中继多点子接口，注意接口模式为 multipoint
R1(config-subif)#ip address 192.168.123.1 255.255.255.0
R1(config-subif)#frame-relay map ip 192.168.123.2 102 broadcast
//配置帧中继映射，其中 102 是该接口 DLCI，"broadcast"参数允许在 PVC 上传输广播或组播流量
R1(config-subif)#frame-relay map ip 192.168.123.3 103 broadcast
R1(config-subif)#frame-relay map ip 192.168.123.1 102
//自身 IP 不需要配置允许广播或主播传输
R1(config-subif)#no frame-relay inverse-arp
```

（2）R2 的基本配置

> R2(config)#**interface Serial0/0/0**
> R2(config-if)#**no ip address**
> R2(config-if)#**encapsulation frame-relay**
> R2(config-if)#**no frame-relay inverse-arp**
> R2(config-if)#**no shutdown**
> R2(config)#**interface Serial0/0/0.1 multipoint**
> R2(config-subif)#**ip address 192.168.123.2 255.255.255.0**
> R2(config-subif)#**frame-relay map ip 192.168.123.1 201 broadcast**
> R2(config-subif)#**frame-relay map ip 192.168.123.3 201 broadcast**
> R2(config-subif)#**frame-relay map ip 192.168.123.2 201**
> R2(config-subif)#**no frame-relay inverse-arp**

（3）R3 的基本配置

> R3(config)#**interface Serial0/0/0**
> R3(config-if)#**no ip address**
> R3(config-if)#**encapsulation frame-relay**
> R3(config-if)#**no frame-relay inverse-arp**
> R3(config-if)#**no shutdown**
> R3(config)#**interface Serial0/0/0.1 multipoint**
> R3(config-subif)#**ip address 192.168.123.3 255.255.255.0**
> R3(config-subif)#**frame-relay map ip 192.168.123.1 301 broadcast**
> R3(config-subif)#**frame-relay map ip 192.168.123.2 301 broadcast**
> R3(config-subif)#**frame-relay map ip 192.168.123.3 301**
> R3(config-subif)#**no frame-relay inverse-arp**

2. 路由器基础配置

（1）路由器帧中继映射信息

> R1#**show frame-relay map**
> **Serial0/0/0.1** (up): ip 192.168.123.1 dlci 102(0x66,0x1860), **static,**
>   CISCO, status defined, **active**
> **Serial0/0/0.1** (up): ip 192.168.123.2 dlci 102(0x66,0x1860), **static,**
>   **broadcast,**
>   CISCO, status defined, **active**
> **Serial0/0/0.1** (up): ip 192.168.123.3 dlci 103(0x67,0x1870), **static,**

> broadcast,
> CISCO, status defined, active
> //以上输出表明路由器 R1 使用多点子接口 Serial0/0/0.1，该子接口下有 3 条帧中继静态映射

（2）Ping 测试

> R1#**ping 192.168.123.1**
> Type escape sequence to abort.
> Sending 5, 100-byte ICMP Echos to 192.168.123.1, timeout is 2 seconds:
> !!!!!
> Success rate is 100 percent (5/5), round-trip min/avg/max = 56/56/56 ms
> R1#**ping 192.168.123.2**
> Type escape sequence to abort.
> Sending 5, 100-byte ICMP Echos to 192.168.123.2, timeout is 2 seconds:
> !!!!!
> Success rate is 100 percent (5/5), round-trip min/avg/max = 28/28/32 ms
> R1#**ping 192.168.123.3**
> Type escape sequence to abort.
> Sending 5, 100-byte ICMP Echos to 192.168.123.3, timeout is 2 seconds:
> !!!!!
> Success rate is 100 percent (5/5), round-trip min/avg/max = 28/28/32 ms
>
> R2#**ping 192.168.123.2**
> Type escape sequence to abort.
> Sending 5, 100-byte ICMP Echos to 192.168.123.2, timeout is 2 seconds:
> !!!!!
> Success rate is 100 percent (5/5), round-trip min/avg/max = 56/56/60 ms
> R2#**ping 192.168.123.1**
> Type escape sequence to abort.
> Sending 5, 100-byte ICMP Echos to 192.168.123.1, timeout is 2 seconds:
> !!!!!
> Success rate is 100 percent (5/5), round-trip min/avg/max = 28/29/32 ms
> R2#**ping 192.168.123.3**
> Type escape sequence to abort.
> Sending 5, 100-byte ICMP Echos to 192.168.123.3, timeout is 2 seconds:
> !!!!!
> Success rate is 100 percent (5/5), round-trip min/avg/max = 56/57/60 ms

```
R3#ping 192.168.123.3
Type escape sequence to abort.
Sending 5, 100-byte ICMP Echos to 192.168.123.3, timeout is 2 seconds:
!!!!!
Success rate is 100 percent (5/5), round-trip min/avg/max = 56/56/56 ms
R3#ping 192.168.123.1
Type escape sequence to abort.
Sending 5, 100-byte ICMP Echos to 192.168.123.1, timeout is 2 seconds:
!!!!!
Success rate is 100 percent (5/5), round-trip min/avg/max = 28/28/28 ms
R3#ping 192.168.123.2
Type escape sequence to abort.
Sending 5, 100-byte ICMP Echos to 192.168.123.2, timeout is 2 seconds:
!!!!!
Success rate is 100 percent (5/5), round-trip min/avg/max = 56/57/64 ms
```

第3章

访问控制列表 ACL

本章要点

- ACL 简介
- 实训一：标准 ACL 配置
- 实训二：扩展 ACL 配置
- 实训三：命名 ACL 配置
- 实训四：基于 MAC 地址的 ACL 配置
- 实训五：基于时间的 ACL 配置

访问控制列表（ACL，Access Control List）是一条或多条规则的集合，用于识别报文流。通过 ACL 可以对网络的资源进行访问权限的设置，提供网络访问的基本安全手段，也可以用于 QoS、策略路由、VPN 等业务。

3.1 ACL 简介

ACL 是控制网络访问的一种策略，它根据数据包包头中的信息来控制数据包到达目的地的规则。ACL 从三层数据包包头中匹配如下信息：
- 源 IP 地址
- 目的地 IP 地址
- ICMP 消息类型

ACL 还可以从第 4 层报文中匹配如下信息：
- TCP/UDP 源端口
- TCP/UDP 目的端口

3.1.1 ACL 的用途

ACL 应用非常广泛，主要由以下用途。
- 根据流量类型过滤流量。
- 控制通信的流量以提高网络性能。
- 进行路由更新的规定设置。
- 提供基本的网络访问安全性能。

3.1.2 ACL 类型

ACL 的类型较多，其访问控制列表的种类大致有以下 4 种：
- 标准 ACL
- 扩展 ACL
- 基于 MAC 地址的 ACL
- 基于时间的 ACL

1. 标准 ACL

标准 ACL 最为简单，主要通过 IP 数据包中的源 IP 地址来允许或拒绝数据包，访问控制列表号从 1 到 99。

2. 扩展 ACL

扩展 ACL 比标准 ACL 具有更多的匹配项，它基于源和目的 IP 地址、传输层协议和应用端口号进行过滤。使用扩展 ACL 可以实现更加精确的流量控制，每个条件都必须匹配，才会施加允许或拒绝条件，访问控制列表号从 100 到 199。

3. 基于 MAC 地址的 ACL

基于 MAC 地址的 ACL 把数据包的匹配项目设置为二层的 MAC 地址，可以对数据包进行更加精确的控制。

4. 基于时间的 ACL

基于时间的 ACL 允许设置一个时间范围，基于时间范围来设置数据流的访问规则。

3.1.3　ACL 工作原理

ACL 定义了一组规则，用于对进入接口的数据包、通过路由器转发的数据包，以及从路由器出站的数据包施加额外的控制。ACL 对路由器自身产生的数据包不起作用，标准 ACL 的工作原理如图 3-1 所示。

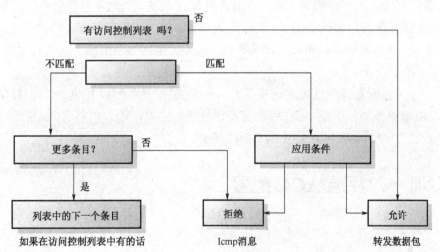

图 3-1　标准 ACL 的工作原理

扩展 ACL 的工作原理如图 3-2 所示。

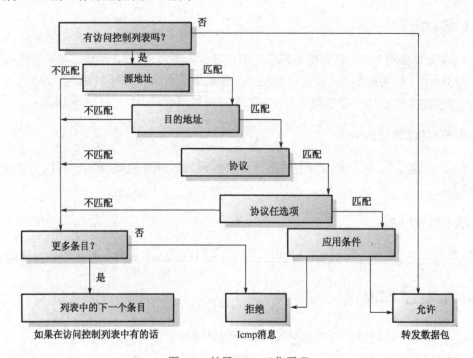

图 3-2 扩展 ACL 工作原理

ACL 表项（定义的一组规则）的处理方式是按自上而下的顺序进行检查的，并且从第一个条目开始，默认最后为 deny any。一旦匹配某一条，就停止检查后续表项。

ACL 表项一旦设置好，如果要加新的条目，在不指定序号的情况下默认被添加到 ACL 的末尾。

标准 ACL 尽量配置在靠近目的设备，因为标准 ACL 只匹配源 IP 地址，如果靠近源，则会过早匹配被错误拒绝；扩展 ACL 应设置在靠近源的位置，因为扩展 ACL 要匹配所有的规则，不会错误，所以要尽早匹配避免浪费网络带宽。

3.2 实训一：标准 ACL 配置

【实验目的】
- 掌握标准 ACL 的配置。
- 验证配置。

【实验拓扑】

实验拓扑如图 3-3 所示。

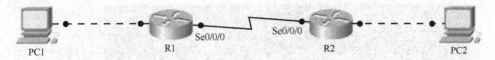

图 3-3 实验拓扑

设备参数如表 3-1 所示。

表 3-1 设备参数表

设备	接口	IP 地址	子网掩码	默认网关
R1	S0/0/0	192.168.1.1	255.255.255.252	N/A
	Fa0/0	192.168.2.1	255.255.255.0	N/A
R2	S0/0/0	192.168.1.2	255.255.255.252	N/A
	Fa0/0	192.168.3.1	255.255.255.0	N/A
PC1	N/A	192.168.2.2	255.255.255.0	192.168.2.1
PC2	N/A	192.168.3.2	255.255.255.0	192.168.3.1

【实验内容】

1. 配置路由协议

（1）R1 的基本配置

```
R1(config)#ip route 192.168.3.0 255.255.255.0 serial 0/0/0
//配置静态路由协议
```

（2）R2 的基本配置

```
R2(config)#ip route 192.168.2.0 255.255.255.0 serial 0/0/0
```

静态路由协议具体格式如下：

```
Router（config-router）#ip route network-address wildcard-mask next-hop
```

2. 验证连通性

```
C:\>ping 192.168.3.2

Pinging 192.168.3.2 with 32 bytes of data:
Reply from 192.168.3.2: bytes=32 time=1ms TTL=126
Reply from 192.168.3.2: bytes=32 time=1ms TTL=126
Reply from 192.168.3.2: bytes=32 time=1ms TTL=126
Reply from 192.168.3.2: bytes=32 time=1ms TTL=126

Ping statistics for 192.168.3.2:
    Packets: Sent = 4, Received = 4, Lost = 0 (0% loss),
Approximate round trip times in milli-seconds:
    Minimum = 1ms, Maximum = 1ms, Average = 1ms

C:\>
```

3. 配置标准 ACL

R2 的配置如下：

R2(config)#**ip access-list standard 50**
//启用标准 ACL，ACL 编号为 50
R2(config-std-nacl)#**deny 192.168.2.0 0.0.0.255**
//禁止 192.168.2.0/24 访问
R2(config-std-nacl)#**permit any**
//允许其他任何网段访问
R2(config)#**interface serial 0/0/0**
R2(config-if)#**ip access-group 50 in**
//在 Se0/0/0 接口入方向应用 ACL

4. 验证连通性

```
C:\>ping 192.168.3.2

Pinging 192.168.3.2 with 32 bytes of data:
Reply from 192.168.1.2: Destination net unreachable.
Reply from 192.168.1.2: Destination net unreachable.
Reply from 192.168.1.2: Destination net unreachable.
Reply from 192.168.1.2: Destination net unreachable.

Ping statistics for 192.168.3.2:
    Packets: Sent = 4, Received = 4, Lost = 0 (0% loss),

C:\>
```

//配置标准 ACL 后，PC1 无法访问 PC2

3.3 实训二：扩展 ACL 配置

【实验目的】
- 掌握扩展 ACL 配置。
- 认识扩展 ACL 的作用。
- 验证配置。

【实验拓扑】

实验拓扑如图 3-4 所示。

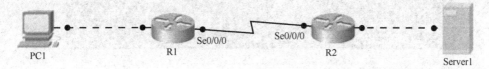

图 3-4 实验拓扑

设备参数如表 3-2 所示。

表 3-2 设备参数表

设备	接口	IP 地址	子网掩码	默认网关
R1	S0/0/0	192.168.1.1	255.255.255.252	N/A
	Fa0/0	192.168.2.1	255.255.255.0	N/A
R2	S0/0/0	192.168.1.2	255.255.255.252	N/A
	Fa0/0	172.16.10.254	255.255.255.0	N/A
PC1	N/A	192.168.2.2	255.255.255.0	192.168.2.1
Server1	N/A	172.16.10.1	255.255.255.0	172.16.10.254

【实验内容】

1. 配置路由协议

（1）R1 的基本配置

```
R1(config)#ip route 172.16.10.0 255.255.255.0 serial 0/0/0
```

（2）R2 的基本配置

```
R2(config)#ip route 192.168.2.0 255.255.255.0 serial 0/0/0
```

（3）验证连通性

```
C:\>ping 172.16.10.1

Pinging 172.16.10.1 with 32 bytes of data:
Reply from 172.16.10.1: bytes=32 time=1ms TTL=126
Reply from 172.16.10.1: bytes=32 time=1ms TTL=126
Reply from 172.16.10.1: bytes=32 time=1ms TTL=126
Reply from 172.16.10.1: bytes=32 time=1ms TTL=126

Ping statistics for 172.16.10.1:
    Packets: Sent = 4, Received = 4, Lost = 0 (0% loss),
Approximate round trip times in milli-seconds:
    Minimum = 1ms, Maximum = 1ms, Average = 1ms

C:\>
```

（4）验证 PC1 访问服务

① 访问 Web 服务。

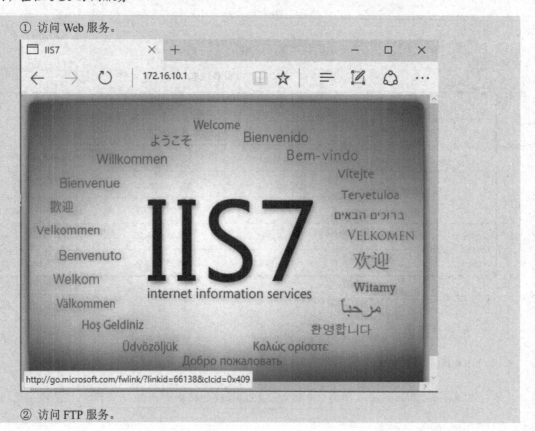

② 访问 FTP 服务。

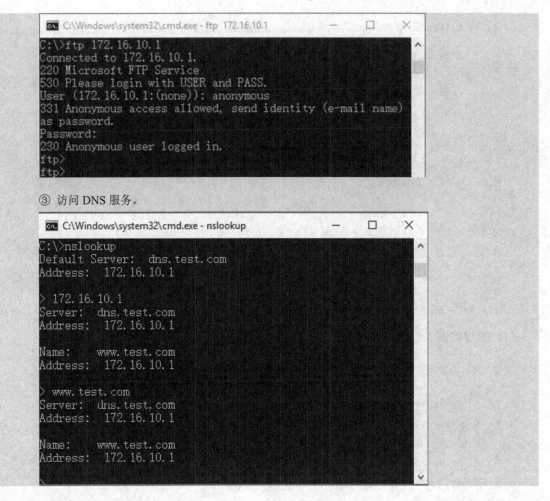

③ 访问 DNS 服务。

2. 配置扩展 ACL 禁用 Web 服务

（1）R1 的配置

R1(config)#**ip access-list extended 100**
//启用扩展 ACL，ACL 编号为 100

R1(config-ext-nacl)#**deny tcp 192.168.2.0 0.0.0.255 172.16.10.0 0.0.0.255 eq www**
//禁止 192.168.2.0/24 访问

R1(config-ext-nacl)#**permit ip any any**
//允许其他任何网段访问

R2(config)#**interface serial 0/0/0**

R1(config-if)#**ip access-group 100 out**
//在 Se0/0/0 接口出方向应用 ACL

（2）验证 Web 服务

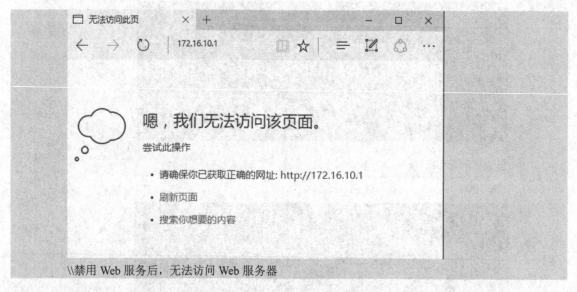

\\禁用 Web 服务后，无法访问 Web 服务器

3. 配置扩展 ACL 禁用 FTP 服务

（1）R1 的配置

```
R1(config)#ip access-list extended 100
R1(config-ext-nacl)#deny tcp 192.168.2.0 0.0.0.255 172.16.10.0 0.0.0.255 eq 20
R1(config-ext-nacl)#deny tcp 192.168.2.0 0.0.0.255 172.16.10.0 0.0.0.255 eq 21
R1(config-ext-nacl)#permit ip any any
R2(config)#interface serial 0/0/0
R1(config-if)#ip access-group 100 out
```

（2）验证 FTP 服务

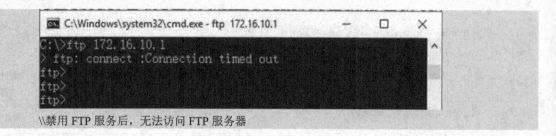

\\禁用 FTP 服务后，无法访问 FTP 服务器

4. 配置扩展 ACL 禁用 DNS 服务

（1）R1 的配置

> R1(config)#**ip access-list extended 100**
> R1(config-ext-nacl)#**deny tcp 192.168.2.0 0.0.0.255 172.16.10.0 0.0.0.255 eq 53**
> R1(config-ext-nacl)#**deny udp 192.168.2.0 0.0.0.255 172.16.10.0 0.0.0.255 eq 53**
> R1(config-ext-nacl)#**permit ip any any**
> R2(config)#**interface serial 0/0/0**
> R1(config-if)#**ip access-group 100 out**

（2）验证 DNS 服务

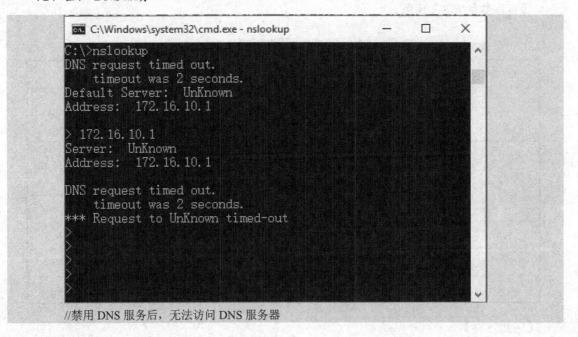

//禁用 DNS 服务后，无法访问 DNS 服务器

3.4 实训三：命名 ACL 配置

【实验目的】
- 掌握命名 ACL 的配置。
- 验证配置。

【实验拓扑】
实验拓扑如图 3-5 所示。

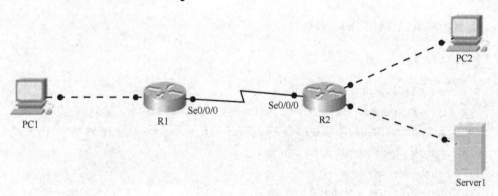

图 3-5 实验拓扑

设备参数如表 3-3 所示。

表 3-3 设备参数表

设 备	接 口	IP 地址	子网掩码	默认网关
R1	S0/0/0	192.168.1.1	255.255.255.252	N/A
	Fa0/0	192.168.2.1	255.255.3255.0	N/A
R2	S0/0/0	192.168.1.2	255.255.255.252	N/A
	Fa0/0	172.16.10.254	255.255.255.0	N/A
	Fa0/1	192.168.3.1	255.255.255.0	N/A
PC1	N/A	192.168.2.2	255.255.255.0	192.168.2.1
PC2	N/A	192.168.3.2	255.255.255.0	192.168.3.1
Server1	N/A	172.16.10.1	255.255.255.0	172.16.10.254

【实验内容】

1. 配置路由协议

（1）R1 的基本配置

```
R1(config)#ip route 192.168.3.0 255.255.255.0 serial 0/0/0
R1(config)#ip route 172.16.10.0 255.255.255.0 serial 0/0/0
```

（2）R2 的基本配置

```
R2(config)#ip route 192.168.2.0 255.255.255.0 serial 0/0/0
```

2. 验证连通性

（1）PC1 ping PC2

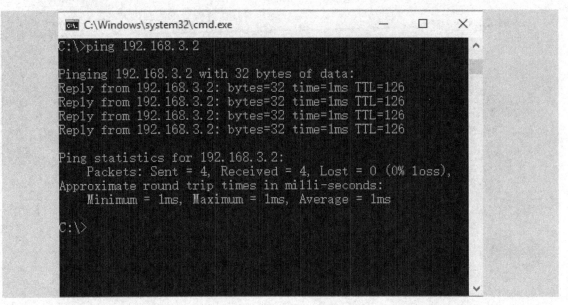

（2）PC1 ping Server1

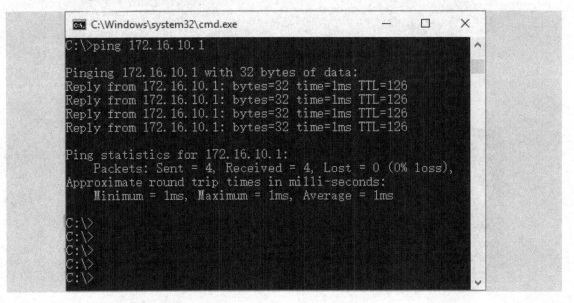

3. 验证 PC1 访问服务

（1）访问 Web 服务

（2）访问 FTP 服务

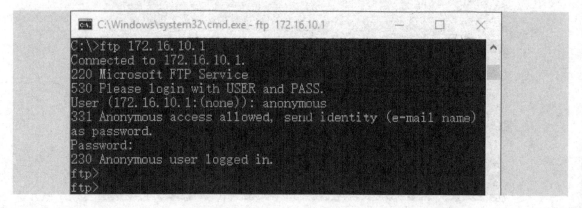

(3) 访问 DNS 服务

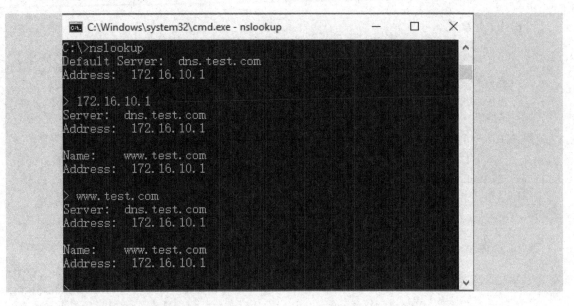

4. 在 R2 上配置命名标准 ACL

R2(config)#**ip access-list standard ACL**
\\启用命名 ACL 名为 ACL
R2(config-std-nacl)#**deny 172.16.2.0 0.0.0.255**
R2(config-std-nacl)#**permit any**
R2(config)#**interface fastEthernet 0/1**
R2(config-if)#**ip access-group ACL out**

5. 验证连通性

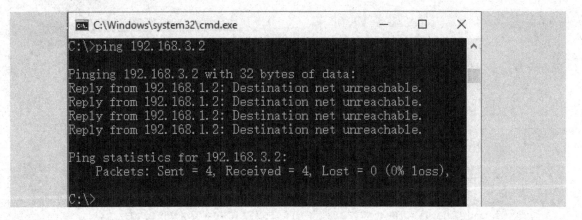

6. R1 上配置扩展 ACL 禁用 Web 服务

（1）R1 的配置

```
R1(config)#ip access-list extended web
//启用扩展 ACL，ACL 编号为 web
R1(config-ext-nacl)#deny tcp 192.168.2.0 0.0.0.255 172.16.10.0 0.0.0.255 eq www
//禁止 192.168.2.0/24 访问
R1(config-ext-nacl)#permit ip any any
//允许其他任何网段访问
R2(config)#interface serial 0/0/0
R1(config-if)#ip access-group web out
//在 Se0/0/0 接口出方向应用 ACL
```

（2）验证 Web 服务

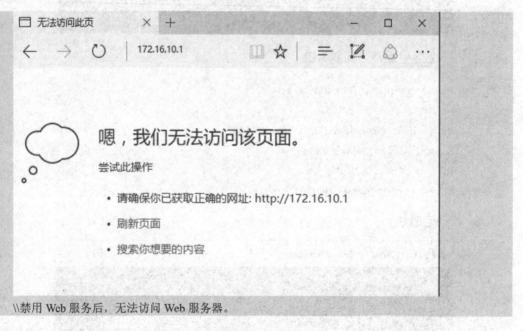

\\禁用 Web 服务后，无法访问 Web 服务器。

7. 配置扩展 ACL 禁用 FTP 服务

（1）R1 的配置

```
R1(config)#ip access-list extended ftp
R1(config-ext-nacl)#deny tcp 192.168.2.0 0.0.0.255 172.16.10.0 0.0.0.255 eq 20
R1(config-ext-nacl)#deny tcp 192.168.2.0 0.0.0.255 172.16.10.0 0.0.0.255 eq 21
```

R1(config-ext-nacl)#**permit ip any any**

R2(config)#**interface serial 0/0/0**

R1(config-if)#**ip access-group ftp out**

（2）验证 FTP 服务

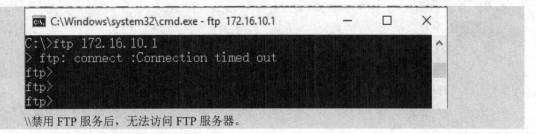

\\禁用 FTP 服务后，无法访问 FTP 服务器。

8. 配置扩展 ACL 禁用 DNS 服务

（1）R1 的配置

R1(config)#**ip access-list extended dns**

R1(config-ext-nacl)#**deny tcp 192.168.2.0 0.0.0.255 172.16.10.0 0.0.0.255 eq 53**

R1(config-ext-nacl)#**deny udp 192.168.2.0 0.0.0.255 172.16.10.0 0.0.0.255 eq 53**

R1(config-ext-nacl)#**permit ip any any**

R2(config)#**interface serial 0/0/0**

R1(config-if)#**ip access-group dns out**

（2）验证 DNS 服务

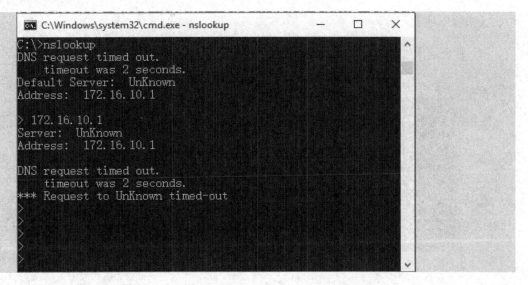

3.5 实训四：基于 MAC 地址的 ACL 配置

【实验目的】
- 掌握基于 MAC 地址的标准 ACL 的配置。
- 验证配置。

【实验拓扑】

实验拓扑如图 3-6 所示。

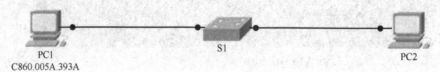

图 3-6 实验拓扑

设备参数如表 3-4 所示。

表 3-4 设备参数表

设 备	接 口	IP 地址	子网掩码	默认网关
S1	Fa0/1	N/A	N/A	N/A
	Fa0/2	N/A	N/A	N/A
PC1	N/A	192.168.3.1	255.255.255.0	N/A
PC2	N/A	192.168.3.2	255.255.255.0	N/A

【实验内容】

1. 验证连通性

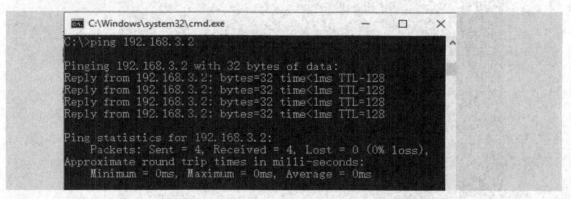

2. 配置基于 MAC 地址的 ACL

S1(config)#**mac access-list extended mac**
\\创建一个基于 MAC 地址的 ACL，名为 mac
S1(config-ext-macl)#**deny host c860.005a.393a any**
\\禁止 mac 地址为 c860.005a.393a any 的主机访问任何网段
S1(config-ext-macl)#**permit any any**
S1(config)#**interface fastEthernet 0/2**
S1(config-if)#**mac access-group mac in**
\\在 Fa0/2 端口的入方向应用基于 MAC 地址的 ACL

3. 验证连通性

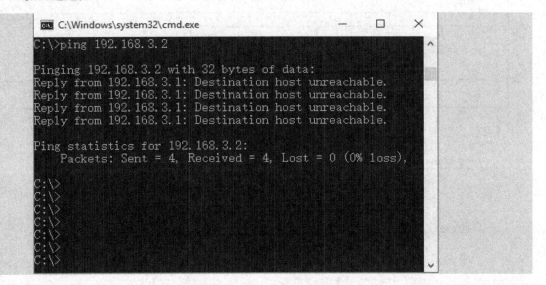

3.6 实训五：基于时间的 ACL 配置

【实验目的】
- 掌握基于时间的 ACL 配置。
- 认识给予时间的 ACL 的作用。

- 验证配置。

【实验拓扑】

实验拓扑如图 3-7 所示。

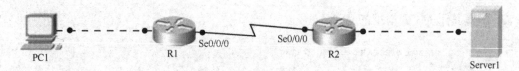

图 3-7 实验拓扑

设备参数如表 3-5 所示。

表 3-5 设备参数表

设备	接口	IP 地址	子网掩码	默认网关
R1	S0/0/0	192.168.1.1	255.255.255.252	N/A
	Fa0/0	192.168.2.1	255.255.255.0	N/A
R2	S0/0/0	192.168.1.2	255.255.255.252	N/A
	Fa0/0	172.16.10.254	255.255.255.0	N/A
Server1	N/A	172.16.10.1	255.255.255.0	172.16.10.254

【实验内容】

1. 配置路由协议

（1）R1 的基本配置

> R1(config)#**ip route 172.16.10.0 255.255.255.0 serial 0/0/0**

（2）R2 的基本配置

> R2(config)#**ip route 192.168.2.0 255.255.255.0 serial 0/0/0**

2. 基于时间的 ACL 定义时间段

> R1(config)#**time-range worktime**
> //定义时间段，名为 worktime
> R1(config-time-range)#**periodic weekdays 9:00 to 21:00**
> //时间段为工作日的 9:00 到 21:00

3. 配置基于时间的扩展 ACL 禁用 Web 服务

R1(config)#**ip access-list extended 100**
//启用扩展 ACL，ACL 编号为 100
R1(config-ext-nacl)#**deny tcp 192.168.2.0 0.0.0.255 172.16.10.0 0.0.0.255 eq www time-range worktime**
//禁止 192.168.2.0/24 访问
R1(config-ext-nacl)#**permit ip any any**
//允许其他任何网段访问
R2(config)#**interface serial 0/0/0**
R1(config-if)#**ip access-group 100 out**
//在 Se0/0/0 接口出方向应用 ACL

4. 配置基于时间的扩展 ACL 禁用 FTP 服务

R1(config)#**ip access-list extended 101**
R1(config-ext-nacl)#**deny tcp 192.168.2.0 0.0.0.255 172.16.10.0 0.0.0.255 eq 20 time-range worktime**
R1(config-ext-nacl)#**deny tcp 192.168.2.0 0.0.0.255 172.16.10.0 0.0.0.255 eq 21 time-range worktime**
R1(config-ext-nacl)#**permit ip any any**

5. 配置基于时间的扩展 ACL 禁用 DNS 服务

R1(config)#**ip access-list extended 102**
R1(config-ext-nacl)#**deny tcp 192.168.2.0 0.0.0.255 172.16.10.0 0.0.0.255 eq 53 time-range worktime**
R1(config-ext-nacl)#**deny udp 192.168.2.0 0.0.0.255 172.16.10.0 0.0.0.255 eq 53 time-range worktime**
R1(config-ext-nacl)#**permit ip any any**

第4章 >>>

动态主机配置协议 DHCP

本章要点

- DHCP 简介
- 实训一：DHCP 服务器配置
- 实训二：DHCP 中继配置
- 实训三：DHCP Snooping 配置

动态主机配置协议 DHCPv4，以后简称 DHCP（Dynamic Host Configuration Protocol），是用于网络设备部署配置 IP 地址信息的协议。随着 Internet 网的大规模发展，IP 地址的需求已经激增，IPv4 地址已将耗尽，将 DHCP 协议引入网络及移动设备的 IP 地址分配，能够缓解 IP 地址短缺的问题。

4.1 DHCP 简介

网络设备及移动设备的使用都需要安排 IP 地址，网络管理员如果给所有的设备安排 IP 地址，将会带来巨大的工作量。DHCP 是为客户动态分配 IP 地址的协议，服务器能够从预先设定好的 IP 地址池里自动给主机分配 IP 地址，它能够保证网络上分配的 IP 地址不重复，也能及时回收 IP 地址，提高 IP 地址的利用率。

4.1.1 DHCP 的特点

DHCP 采用客户端/服务器通信模式，由客户端向服务器提出请求分配网络配置参数的申请，服务器返回为客户端分配的 IP 地址等配置信息，以实现 IP 地址等信息的动态配置。针对客户端的不同需求，DHCP 提供 3 种 IP 地址分配策略。

- 手工分配地址：由管理员为少数特定客户端（如 WWW 服务器、打印机等）静态绑定固定的 IP 地址，通过 DHCP 将配置的固定 IP 地址分配给客户端。
- 自动分配地址：DHCP 为客户端分配租期为无限长的 IP 地址。
- 动态分配地址：DHCP 为客户端分配具有一定有效期限的 IP 地址，到达使用期限后，客户端需要重新申请地址，否则服务器将收回该 IP 地址。

4.1.2 DHCP 的工作原理

DHCP 在客户端/服务器模式工作，当客户端与服务器通信时，服务器会将 IP 地址分配或出租给该客户端。然后客户端可以使用该 IP 地址连接到网络，直到租期满为止，客户端还需定期联系 DHCP 服务器加以续租。租期满后，DHCP 服务器将地址收回，即返回地址池，可以将其再次分配。

1. 发起租期

当客户端启动时，它开始发送报文获取租约，如图 4-1 所示。DHCP 客户端从 DHCP 服务器获取 IP 地址主要通过 4 个阶段进行。

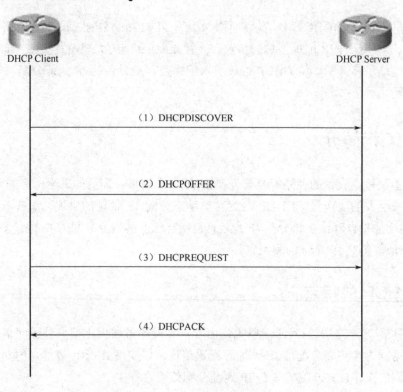

图 4-1 IP 地址动态获取过程

（1）DHCP 发现（DHCPDISCOVER）

需要 IP 地址的主机在启动时就向 DHCP 服务器发送发现报文（DHCPDISCOVER），由于客户端启动时没有有效的 IP 地址，因此，它使用第 2 层和第 3 层的广播地址发送。

（2）DHCP 提议（DHCPOFFER）

DHCP 服务器收到 DHCPDISCOVER 消息时，先在其数据库中查找该计算机的配置信息。若找到，则返回找到的信息；若找不到，则从服务器的 IP 地址池（address pool）中取一个地址分配给该计算机（在分配之前 DHCP 服务器会发送一个 ARP 广播，该条目包含客户端的 MAC 地址和客户端的租用 IP 地址，查看网内是否有人已经用了此 IP 地址）。DHCPOFFER 消息以服务器的第 2 层 MAC 地址为源地址，以客户端的第 2 层 MAC 地址为目的地址作为单播发送。

（3）DHCP 请求（DHCPREQUEST）

当客户端从服务器收到 DHCPOFFER 时，会发回一条 DHCPREQUEST 消息，此消息用于发起租用和租约更新。许多企业内部可能有多台 DHCP 服务器，DHCPREQUEST 消息以广播的方式发送，并且包含服务器标志信息，发送给所有的 DHCP 服务器。

（4）DHCP 确认（DHCPACK）

收到 DHCPREQUEST 消息后，服务器为客户创建 ARP 条目，并以单播 DHCPACK 消息作为回复。客户收到 DHCPACK 消息后，记录下配置信息，并为所分配的地址执行 ARP 确认广播，如果没有收到应答，客户端就知道该地址是有效的，并使用该地址连接网络。

DHCP 服务确保网络中的每个主机 IP 地址是唯一的，通过 DHCP 网络管理员可以轻松地配置客户的 IP 地址，而不需要手动进行修改。

2. 重新登录

DHCP 客户端在重新登录时会发送一个 DHCPREQUEST 消息，该消息中包含客户端所分配到的 IP 地址信息，当 DHCP 服务器收到这一消息后，它会尝试让 DHCP 客户端继续使用原来的 IP 地址，并回答一个 DHCPACK 消息。如果该 IP 已经无法再次分配给原来的 DHCP 客户端，则 DHCP 服务器会给 DHCP 客户端回答一个 DHCPNACK 消息，客户端收到此消息就需重新发起新的租期。

3. 租约更新

DHCP 提供的 DHCP 信息通常是有一个租期的，租期满后 DHCP 服务器就会收回所分配的 IP 地址，如果 DHCP 客户端需要延长 IP 租约，则必须更新 IP 租约。租期时间过半，DHCP 客户端就会向服务器发送租约信息，如果 DHCP 服务器应答，就可以延长租期。如果 DHCP 服务器没有应答，则在租期时间 87.5% 时，客户端会与其他的 DHCP 服务器通信，并请求更新配置信息，如客户端不能和其他服务器联系，则重新开始新一轮的租约申请。

4. DHCP 中继代理

并不是每个网络上都有 DHCP 服务器，这样会使 DHCP 服务器的数量太多。现在是每一个网络至少有一个 DHCP 中继代理，它配置了 DHCP 服务器的 IP 地址信息。

当 DHCP 中继代理收到主机发送的发现报文后，就以单播方式向 DHCP 服务器转发此报文，并等待其回答。收到 DHCP 服务器回答的提供报文后，DHCP 中继代理再将此提供报文发回给主机，DHCP 中继代理的工作原理如图 4-2 所示。

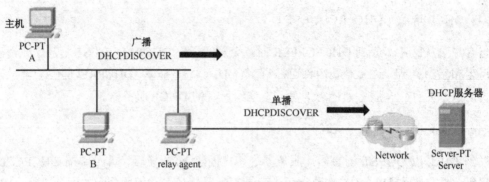

图 4-2 DHCP 中继代理

4.1.3 DHCP 消息格式

DHCP 有 8 种类型的报文，每种报文的格式都相同，只是某些字段的取值不同。DHCP 的报文格式如图 4-3 所示。

0	8	16	31
操作代码	硬件类型	硬件地址长度	跳数
事物标志符			
秒数		标志	
客户端IP地址			
您的IP地址			
服务器IP地址			
网关IP地址			
客户端硬件地址（16字节）			
服务器名称（64字节）			
启动文件名（128字节）			
DHCP选项（变量）			

图 4-3 DHCP 数据包格式

各字段的含义如下。

- **操作代码**：报文的操作类型分为请求报文和响应报文，1 为请求报文；2 为响应报文。具体的报文类型在 options 字段中标志。
- **硬件类型**：DHCP 客户端的硬件地址类型。
- **硬件地址长度**：指明硬件地址的长度。
- **跳数**：DHCP 报文经过的 DHCP 中继的数目，DHCP 请求报文每经过一个 DHCP 中继，该字段就会增加 1。
- **事物标志符**：客户端发起一次请求时选择的随机数，用来标志一次地址请求过程。
- **秒数**：DHCP 客户端开始 DHCP 请求后所经过的时间，目前没有使用，固定为 0。
- **标志**：第一个比特为广播响应标志位，用来标志 DHCP 服务器响应报文是采用单播还是广播方式发送，0 表示采用单播方式，1 表示采用广播方式，其余比特保留不用。
- **客户端 IP 地址**：DHCP 客户端的 IP 地址，如果客户端有合法和可用的 IP 地址，则将其添加到此字段，否则字段设置为 0。此字段不用于客户端申请某个特定的 IP 地址。
- **您的 IP 地址**：DHCP 服务器分配给客户端的 IP 地址。
- **服务器 IP 地址**：DHCP 客户端获取启动配置信息的服务器 IP 地址。
- **网关 IP 地址**：DHCP 客户端发出请求报文后经过的第一个 DHCP 中继的 IP 地址。
- **客户端硬件地址**：DHCP 客户端的硬件地址。
- **服务器名称**：DHCP 客户端获取启动配置信息的服务器名称。
- **启动文件名**：DHCP 服务器为 DHCP 客户端指定的启动配置文件名称及路径信息。
- **DHCP 选项**：可选变长选项字段，包含报文的类型、有效租期、DNS 服务器的 IP 地址、WINS 服务器的 IP 地址等配置信息。

4.2 实训一：DHCP 服务器配置

【实验目的】

- 部署 DHCP 服务器。
- 熟悉 DIICP 服务器的配置方法。
- 验证配置。

【实验拓扑】

实验拓扑如图 4-4 所示。

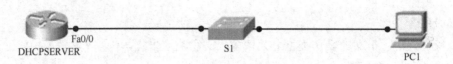

图 4-4 实验拓扑

设备参数如表 4-1 所示。

表 4-1 设备参数表

设备	接口	IP 地址	子网掩码	默认网关
DHCPSERVER	Fa0/0	192.168.10.1	255.255.255.0	N/A

【实验内容】

1. 配置 DHCP 服务器

DHCPSERVER 的基本配置如下：

```
DHCPSERVER(config)#ip dhcp pool dhcp
//配置名为 dhcp 的 dhcp 地址池
DHCPSERVER(dhcp-config)#network 192.168.10.0 255.255.255.0
//定义 dhcp 地址池网段
DHCPSERVER(dhcp-config)#default-router 192.168.10.1
//定义 dhcp 地址池的网关
DHCPSERVER(dhcp-config)#dns-server 8.8.8.8
//定义 dhcp 地址池的 dns 服务器
DHCPSERVER(dhcp-config)#domain-name dhcptest
//配置域名
DHCPSERVER(dhcp-config)#lease 10
//设置 DHCP 地址分配的租期是 10 天
```

2. PC1 获取测试

（1）PC1 获取 IP 地址

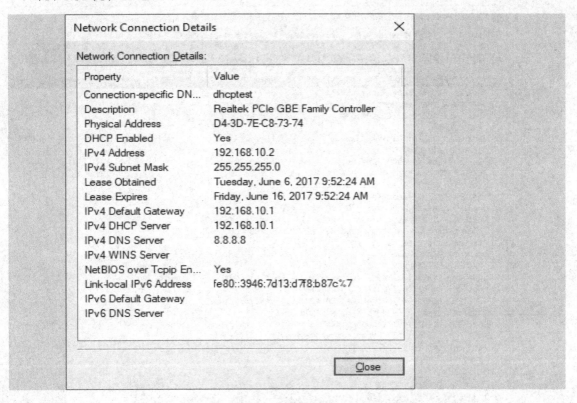

（2）Wireshark 抓包测试

① Discover 包。

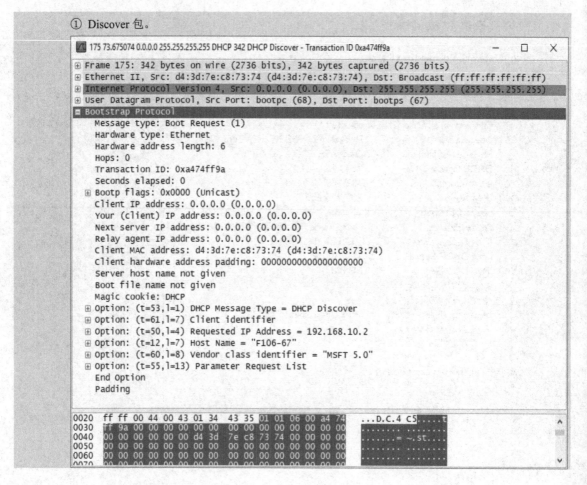

② Offer 包。

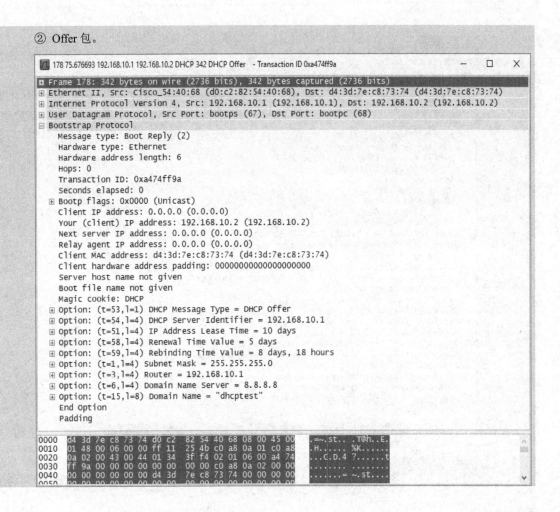

③ Request 包。

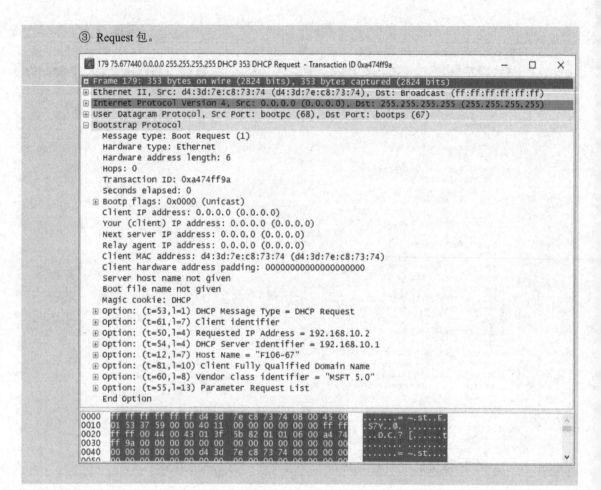

④ Ack 包。

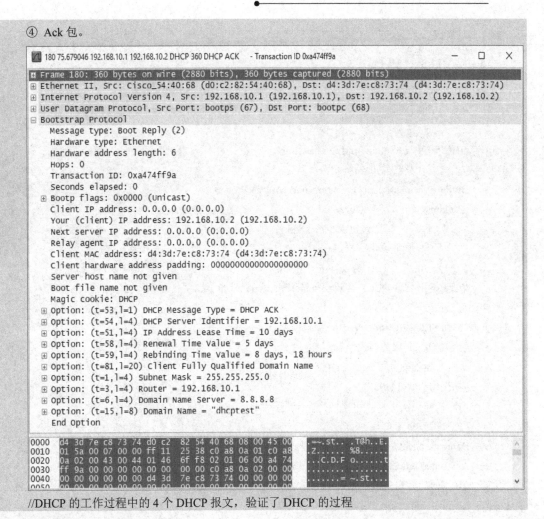

//DHCP 的工作过程中的 4 个 DHCP 报文，验证了 DHCP 的过程

3. 查看 DHCPSERVER 信息

```
DHCPSERVER#show ip dhcp pool


Pool DHCP :

 Utilization mark (high/low)    : 100 / 0
 Subnet size (first/next)       : 0 / 0
 Total addresses                : 254
//地址池中共有 254 个地址
 Leased addresses               : 1
//已分配出去地址 1 个
 Pending event                  : none
```

```
1 subnet is currently in the pool :
//当前地址池中有一个子网
  Current index        IP address range                    Leased addresses
  192.168.10.3         192.168.10.1    - 192.168.10.254    1
//下一个要分配的地址索引、地址池范围及分配的地址个数
```

DHCPSERVER#**show ip dhcp binding**
//该命令查看 IP 地址的绑定情况
Bindings from all pools not associated with VRF:
```
IP address           Client-ID/                  Lease expiration       Type
                     Hardware address/
                     User name
192.168.10.2         012c.44fd.7f6c.56           May 17 2017 12:15 AM   Automatic
```
//以上输出显示 DHCP 客户获得了 IP 地址 192.168.10.2

DHCPSERVER#**show ip dhcp server statistics**
//查看 DHCP 服务器的统计信息
```
Memory usage          24108
```
//共使用内存 24108
```
Address pools         1
```
//地址池数量 1 个
```
Database agents       0
Automatic bindings    1
```
//自动绑定数量 1 个
```
Manual bindings       0
Expired bindings      0
Malformed messages    0
Secure arp entries    0


Message               Received
BOOTREQUEST           0
DHCPDISCOVER          9
```
//DHCP 发现报文收到 9 个
```
DHCPREQUEST           6
```
//DHCP 请求报文收到 6 个
```
DHCPDECLINE           0
DHCPRELEASE           5
```

```
//DHCP 地址释放请求信息 5 个
DHCPINFORM              0

Message                 Sent
BOOTREPLY               0
DHCPOFFER               8
//DHCP 提供报文收到 8 个
DHCPACK                 6
//DHCP 应答报文收到 8 个
DHCPNAK                 0
```

4. DHCP 排除地址配置

```
DHCPSERVER(config)#ip dhcp excluded-address 192.168.10.1 192.168.10.100
//排除 DHCP 地址池的前 100 个地址
```

//以上输出显示，DHCP 服务器排除地址之后，PC 获得的地址从 192.168.10.100 开始分配

4.3 实训二：DHCP 中继配置

【实验目的】
- 部署 DHCP 服务器。
- 熟悉 DHCP 中继的配置方法。
- 验证配置。

【实验拓扑】

实验拓扑如图 4-5 所示。

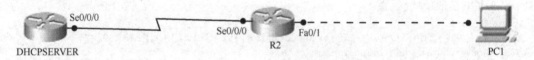

图 4-5 实验拓扑

设备参数如表 4-2 所示。

表 4-2 设备参数表

设备	接口	IP 地址	子网掩码	默认网关
DHCPSERVER	Fa0/0	192.168.10.1	255.255.255.0	N/A
R2	Fa0/0	192.168.10.2	255.255.255.0	N/A
	Fa0/1	192.168.20.1	255.255.255.0	N/A

【实验内容】

1. 配置 DHCP 服务器

```
DHCPSERVER(config)#ip route 0.0.0.0 0.0.0.0 192.168.10.2
//配置服务器出口路由
DHCPSERVER(config)#ip dhcp pool dhcp
DHCPSERVER(dhcp-config)#network 192.168.20.0 255.255.255.0
DHCPSERVER(dhcp-config)#default-router 192.168.20.1
DHCPSERVER(dhcp-config)#domain-name cisco.com
DHCPSERVER(dhcp-config)#dns-server 8.8.8.8
```

DHCPSERVER(dhcp-config)#**lease infinite**
//设置租期为无限期

2. 配置 DHCP 中继

R2(config)#**interface fastEthernet 0/1**

R2(config-if)#**ip helper-address 192.168.10.1**

R2(config-if)#**no shutdown**

R2#**debug ip dhcp server packet**

//设置 DHCP 中继，192.168.10.1 为该服务器的地址

3. PC1 获取 IP 地址测试

R2#

*Jun 6 02:28:52.211: DHCPD: setting giaddr to 192.168.20.1.

*Jun 6 02:28:52.211: DHCPD: BOOTREQUEST from 01d4.3d7e.c873.74 forwarded to 192.168.10.1.

*Jun 6 02:28:54.211: DHCPD: forwarding BOOTREPLY to client d43d.7ec8.7374.

*Jun 6 02:28:54.211: DHCPD: ARP entry exists (192.168.20.2, d43d.7ec8.7374).

*Jun　6 02:28:54.211: DHCPD: unicasting BOOTREPLY to client d43d.7ec8.7374 (192.168.20.2).

　　*Jun　6 02:28:54.211: DHCPD: Finding a relay for client 01d4.3d7e.c873.74 on interface FastEthernet0/1.

　　*Jun　6 02:28:54.211: DHCPD: setting giaddr to 192.168.20.1.

　　*Jun　6 02:28:54.211: DHCPD: BOOTREQUEST from 01d4.3d7e.c873.74 forwarded to 192.168.10.1.

　　*Jun　6 02:28:54.215: DHCPD: forwarding BOOTREPLY to client d43d.7ec8.7374.

　　*Jun　6 02:28:54.215: DHCPD: ARP entry exists (192.168.20.2, d43d.7ec8.7374).

　　*Jun　6 02:28:54.215: DHCPD: unicasting BOOTREPLY to client d43d.7ec8.7374 (192.168.20.2).

　　//以上输出显示 HDCP relay agent 的地址是 192.168.20.1

5. 查看 DHCPSERVER 信息

DHCPSERVER#**show ip dhcp binding**
Bindings from all pools not associated with VRF:

IP address	Client-ID/ Hardware address/ User name	Lease expiration	Type
192.168.20.2	01d4.3d7e.c873.74	Infinite	Automatic

//以上显示了客户端的 IP 地址信息

4.4　实训三：DHCP Snooping 配置

【实验目的】
- 部署 DHCP 服务器。
- 熟悉 DHCP Snooping 的配置方法。
- 验证配置。

【实验拓扑】

实验拓扑如图 4-6 所示。

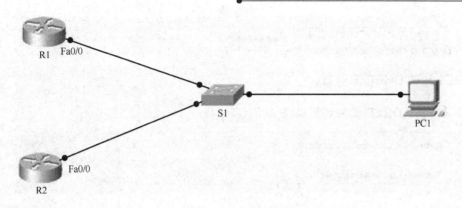

图 4-6　实验拓扑

设备参数如表 4-3 所示。

表 4-3　设备参数表

设备	接口	IP 地址	子网掩码	默认网关
R1	Fa0/0	192.168.10.1	255.255.255.0	N/A
R2	Fa0/0	192.168.20.1	255.255.255.0	N/A

【实验内容】

1. 配置 DHCP 服务器

（1）R1 的基本配置

```
R1(config)#ip dhcp pool dhcp1
R1(dhcp-config)#network 192.168.10.0 255.255.255.0
R1(dhcp-config)#default-router 192.168.10.1
R1(dhcp-config)#dns-server 8.8.8.8
R1(dhcp-config)#domain-name cisco.com
R1(dhcp-config)#lease infinite
```

（2）R2 的基本配置

```
R2(config)#ip dhcp pool dhcp2
R2(dhcp-config)#network 192.168.20.0 255.255.255.0
R2(dhcp-config)#default-router 192.168.20.1
R2(dhcp-config)#dns-server 8.8.8.8
```

R2(dhcp-config)#**domain-name cisco**
R2(dhcp-config)#**lease infinite**

2. PC1 测试 DHCP 服务器

（1）R1 作为 DHCP 服务器提供地址情况

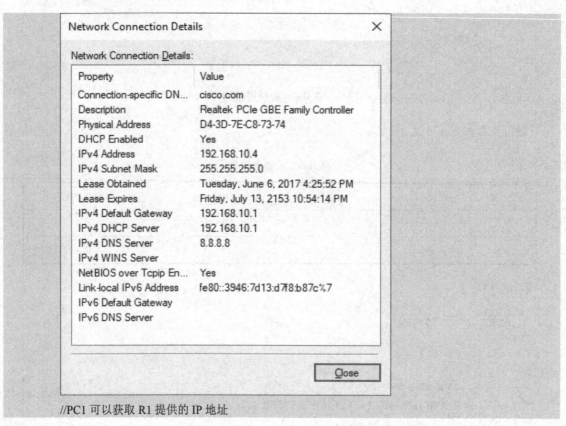

//PC1 可以获取 R1 提供的 IP 地址

（2）R2 作为 DHCP 服务器提供地址情况

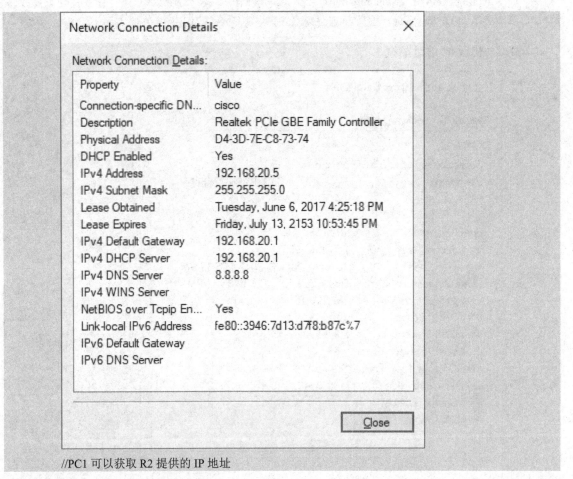

//PC1 可以获取 R2 提供的 IP 地址

3. 配置 DHCP Snooping

接入层交换机 S1 启用 DHCP Snooping：

S1(config)#**ip dhcp snooping**
//打开 S1 的 DHCP 监听功能
S1(config)#**ip dhcp snooping vlan 1**
//配置 S1 监听 VLAN1 的 DHCP 数据包
S1(config)#**no ip dhcp snooping information option**
//禁止交换机 S1 在 DHCP 报文中插入 option 82，option 82 是 DHCP 中继代理
S1(config)#**interface fastEthernet 0/1**

S1(config)#**switchport mode access**
S1(config-if)#**ip dhcp snooping trust**
//配置 DHCP Snooping，设置 Fa0/1 为信任端口，R1 为合法 DHCP 服务器

4. PC1 获取 IP 地址测试

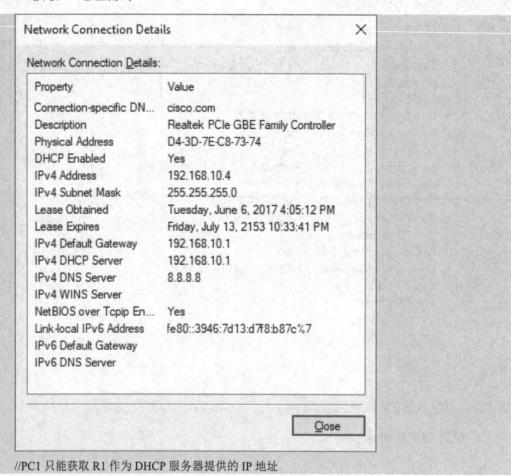

//PC1 只能获取 R1 作为 DHCP 服务器提供的 IP 地址

6. 查看 DHCP 服务器 R1 信息

（1）查看 DHCP 监听信息

S1#**show ip dhcp snooping**
Switch DHCP snooping is enabled
DHCP snooping is configured on following VLANs:
1

//DHCP 配置监听的 VLAN
DHCP snooping is operational on following VLANs:
1
//DHCP 实际监听的 VLAN
Smartlog is configured on following VLANs:
none
Smartlog is operational on following VLANs:
none
DHCP snooping is configured on the following L3 Interfaces:

Insertion of option 82 is disabled
    circuit-id default format: vlan-mod-port
    remote-id: 2037.06dc.6000 (MAC)
Option 82 on untrusted port is not allowed
Verification of hwaddr field is enabled
Verification of giaddr field is enabled
DHCP snooping trust/rate is configured on the following Interfaces:

Interface	Trusted	Allow option	Rate limit (pps)
FastEthernet0/1	yes	yes	unlimited
Custom circuit-ids:			

//Fa0/1 是信任接口，接口的 HDCP 报文无数量限制

（2）查看 DHCP snooping 的绑定信息

```
S1#show ip dhcp snooping binding
```

MacAddress	IpAddress	Lease(sec)	Type	VLAN	Interface
D4:3D:7E:C8:73:74	192.168.10.4	infinite	dhcp-snooping	1	FastEthernet0/23
C8:5B:76:AF:B1:22	192.168.10.5	infinite	dhcp-snooping	1	FastEthernet0/23
Total number of bindings: 2					

以上输出的个字段含义如下。
- **MacAddress**：DHCP 客户的 MAC 地址。
- **IpAddress**：DHCP 客户的 IP 地址。
- **Lease(sec)**：IP 地址的租约时间。

- **Type**：记录类型，dhcp-snooping 说明是动态生成的记录。
- **VLAN**：VLAN 的编号。
- **Interface**：接入接口。

第 5 章

网络地址转换 NAT

本章要点

- NAT 简介
- 实训一：静态 NAT 配置
- 实训二：动态 NAT 配置
- 实训三：NAT 过载配置
- 实训四：内部服务器端口映射

网络地址转换（NAT，Network Address Translation）是一个IETF标准，是将IP数据报文头中的IP地址转换为另一个IP地址的过程。IP地址的日益短缺是NAT技术提出的背景，一个局域网内部有很多台主机，但不是每台主机都有合法的IP地址，为了使所有内部主机都可以连接Internet，需要使用地址转换，NAT技术使得一个私有网络可以通过Internet注册IP连接到外部网络。

5.1 NAT 简介

在实际应用中，共有的IP地址不足以为每台设备都安排一个地址连接到Internet，在局域网的内部通常使用RFC1918定义的私有IP地址。表5-1显示了私有IP地址的范围。

表 5-1　私有地址空间

网络类别	起　始	结　束
A	10.0.0.0	10.255.255.255
B	172.16.0.0	172.31.255.255
C	192.168.0.0	192.168.255.255

NAT主要应用在连接两个网络的边缘设备上，用于实现允许内部网络用户访问外部公共网络，以及允许外部公共网络访问部分内部网络资源（例如内部服务器）的目的。NAT最初的设计目的是实现私有网络访问公共网络的功能，后扩展为实现任意两个网络间进行访问时的地址转换应用。它也可以应用到防火墙技术里，地址转换技术可以有效地隐藏内部局域网中的主机，具有一定的网络安全保护作用。

5.1.1 NAT 的特点

NAT技术主要具有以下特点。
- 私有网络内部的通信利用私网地址，如果私有网络需要与外部网络通信或访问外部资源，则可通过将大量的私网地址转换成少量的公网地址来实现，这在一定程度上缓解了IPv4地址空间日益枯竭的压力。
- 地址转换可以利用端口信息，通过同时转换公网地址与传输层端口号，使得多个私网用户可共用一个公网地址与外部网络通信，节省了公网地址。
- 通过静态映射，不同的内部服务器可以映射到同一个公网地址。外部用户可通过公网地址和端口访问不同的内部服务器，同时还隐藏了内部服务器的真实 IP 地址，从而防止外部对内部服务器乃至内部网络的攻击。
- 方便网络管理，例如私网服务器迁移时，无须过多配置的改变，仅仅通过调整内部服务器的映射表就可将这一变化体现出来。

NAT 技术以一定的优势解决了 IP 地址的利用率和安全等方面的问题，但它自身而言也存在一些问题，使用 NAT 技术的设备会降低设备的性能和增加网络延迟，NAT 技术改变了 IP 地址参数使得对数据的监控和追踪变得复杂等。

5.1.2 NAT 的类型

在熟悉网络地址转换的类型之前必须了解 NAT 的一些术语。当使用 NAT 时，根据地址的位置及数据流的方向，有以下 4 种地址名称：
- 内部本地地址
- 内部全局地址
- 外部本地地址
- 外部全局地址

内部地址是指经过 NAT 转换的设备地址；外部地址是指目的设备的地址；本地地址是指在网络内部使用的地址；全局地址是指在网络外部使用的地址。

如图 5-1 所示，主机 A 与外部主机通信时经过 NAT 设备地址转换的 4 个过程如表 5-2 所示。

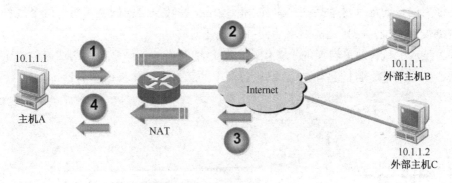

图 5-1 NAT 地址类型示意网络

表 5-2 NAT 地址类型表

	主机 A 发出的数据包			经过路由器转换的数据包	
1	SA=10.1.1.1	DA=193.3.3.1	2	SA=192.2.2.1	DA=10.1.1.1
	内部本地地址	外部本地地址		内部全局地址	外部全局地址
	经过路由器转换的数据包			外部主机 B 返回的数据包	
3	SA=192.3.3.1	DA=10.1.1.1	4	SA=10.1.1.1	DA=192.2.2.1
	外部本地地址	内部本地地址		外部全局地址	内部全局地址

网络地址转换主要有 3 种类型。
- 静态地址转换（静态 NAT）：本地地址和全局地址之间是一对一的地址映射。
- 动态地址转换（动态 NAT）：本地地址和全局地址之间是多对多的地址映射。
- 端口地址转换（PAT）：本地地址和全局地址之间是多对一的地址映射。

5.1.3　NAT 工作原理

配置了 NAT 功能的连接内部网络和外部网络的边缘设备，通常被称为 NAT 设备。当内部网络访问外部网络的报文经过 NAT 设备时，NAT 设备会用一个合法的公网地址替换原报文中的源 IP 地址，并对这种转换进行记录；之后，当报文从外网侧返回时，NAT 设备查找原有的记录，将报文的目的地址再替换回原来的私网地址，并转发给内网侧主机。这个过程，在私网侧或公网侧设备看来，与普通的网络访问并没有任何的区别。

图 5-2 显示了私有地址转换的示意图，一般地址转换的工作是由网络边缘的设备实施的，如路由器、防火墙等，目的是将 IP 数据包首部中的私有地址转换成公有地址。

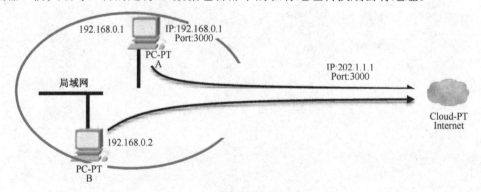

图 5-2　网络地址转换示意图

1. 静态 NAT

静态 NAT 使用本地地址和全局地址一对一的映射,这些映射由网络管理员进行配置,并且保持不变,静态 NAT 表项如表 5-3 所示。

表 5-3 静态 NAT 表项

内部本地 IP 地址	内部全局 IP 地址
192.168.0.1	202.1.1.1
192.168.0.2	202.1.1.2

在图 5-2 中,路由器上配置了 A 和 B 两台 PC 内部地址的静态映射,当这些设备向 Internet 发送流量时,它们的内部地址将转换为已配置的内部全局地址,对外部网络而言,这些设备具有公有 IP 地址。

2. 动态 NAT

动态 NAT 使用公有的地址池,并以先到先得的原则分配这些地址,当内部设备请求访问外部设备时,动态 NAT 会从地址池中分配一个公共的 IP 地址。如 PC 机 A 已经使用动态 NAT 地址池中的 IP 地址访问 Internet,其他地址仍然可供其他用户使用,如表 5-4 所示。

表 5-4 动态 NAT 地址池

内部本地 IP 地址	内部全局 IP 地址
192.168.0.1	202.1.1.1
可供使用	202.1.1.2
可供使用	202.1.1.3
可供使用	202.1.1.4
可供使用	202.1.1.5
可供使用	202.1.1.6

3. 端口地址转换(PAT)

静态 NAT 和动态 NAT 类似,为了满足同时支持多用户上网,需要有足够的公有 IP 地址可用,显然公有 IP 地址的数量会成为一个难题。

端口地址转换(PAT)将多个私有 IP 地址映射到单个公有 IP 地址或多个公有 IP 地址,这是目前大多数情况所使用的 Internet 访问方法。PAT 可以将多个地址映射到一个或少数几个公有 IP 地址，每个私有 IP 地址会用端口号加以跟踪，当设备发起 TCP/IP 会话时，它会生成 TCP 或 UDP 源端口号，以唯一标志一个用户。当 NAT 设备收到客户端的数据时，将使用端口号来唯一确定 NAT 的转换。PAT 示例如表 5-5 所示。

表 5-5　PAT 示例

协议	内部本地 IP 地址	内部全局 IP 地址
TCP	192.168.0.1:1024	202.1.1.1:1024
TCP	192.168.0.2:1444	202.1.1.1:1444
TCP	192.168.0.3:1492	202.1.1.2:1492

5.2　实训一：静态 NAT 配置

【实验目的】
- 部署静态 NAT。
- 熟悉静态 NAT 的应用方法。
- 验证配置。

【实验拓扑】

实验拓扑如图 5-3 所示。

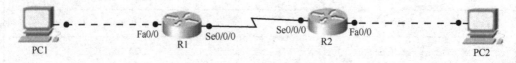

图 5-3　实验拓扑

设备参数如表 5-6 所示。

表 5-6　设备参数表

设备	接口	IP 地址	子网掩码	默认网关
R1	Fa/0/0	192.168.10.1	255.255.255.0	N/A
	Se/0/0/0	10.0.0.1	255.255.255.0	N/A

续表

设备	接口	IP 地址	子网掩码	默认网关
R2	Fa/0/0	172.16.0.1	255.255.255.0	N/A
	Se/0/0/0	10.0.0.2	255.255.255.0	N/A
PC1	N/A	192.168.10.100	255.255.255.0	192.168.10.1
PC2	N/A	172.16.0.100	255.255.255.0	172.16.0.1

【实验内容】

1. 配置基础路由

R1(config)#**ip route 0.0.0.0 0.0.0.0 10.0.0.2**
//配置默认路由，下一跳为 10.0.0.2

2. 验证连通性

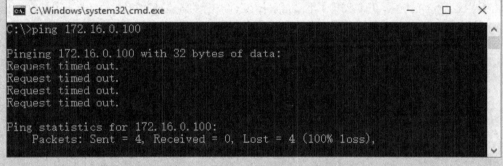

//由于没有做 NAT 转换，PC1 无法 ping 通 PC2

3. 配置静态 NAT

R1(config)#**ip nat inside source static 192.168.10.100 10.0.0.3**
//配置静态 NAT
R1(config)#**interface fastEthernet 0/0**
R1(config-if)#**ip nat inside**
//在 Fa0/0 接口启用 NAT
R1(config)#**interface serial 0/0/0**
R1(config-if)#**ip nat outside**
//在 Se0/0/0 接口启用 NAT

4. R1 上的 NAT 信息

（1）NAT 的调试信息

```
R1#debug ip nat
//查看 NAT 调试信息
IP NAT debugging is on
R1#
*Jun  7 02:51:39.643: NAT*: s=192.168.10.100->10.0.0.3, d=180.163.32.152 [10060]
*Jun  7 02:51:39.647: NAT: s=10.0.0.2, d=10.0.0.3->192.168.10.100 [1416]
*Jun  7 02:51:40.427: NAT*: s=192.168.10.100->10.0.0.3, d=183.57.48.55 [20939]
*Jun  7 02:51:40.431: NAT: s=10.0.0.2, d=10.0.0.3->192.168.10.100 [1418]
*Jun  7 02:51:41.511: NAT*: s=192.168.10.100->10.0.0.3, d=14.17.42.43 [10006]
*Jun  7 02:51:41.511: NAT: s=10.0.0.2, d=10.0.0.3->192.168.10.100 [1420]
(------省略部分输出------)
//以上输出显示了 NAT 的转换过程，内部本地地址 192.168.10.100，被转换成了内部全局地址 10.0.0.3，
由于对应于不同的应用，所以安排了不同的标志号，其中"s"表示源 IP 地址，"d"表示目的 IP 地址
```

（2）查看 NAT 映射表项

```
R1#show ip nat translations
Pro Inside global      Inside local          Outside local         Outside global
udp 10.0.0.3:4466      192.168.10.100:4466   112.74.189.106:10001  112.74.189.106:10001
//以上条目说明了 192.168.10.100 到 10.0.0.3 的 udp 转换情况
tcp 10.0.0.3:49982     192.168.10.100:49982  123.151.71.34:80      123.151.71.34:80
tcp 10.0.0.3:49983     192.168.10.100:49983  180.163.26.34:80      180.163.26.34:80
tcp 10.0.0.3:49985     192.168.10.100:49985  123.151.71.34:80      123.151.71.34:80
tcp 10.0.0.3:49986     192.168.10.100:49986  14.17.42.43:36688     14.17.42.43:36688
tcp 10.0.0.3:49987     192.168.10.100:49987  183.57.48.55:80       183.57.48.55:80
tcp 10.0.0.3:49988     192.168.10.100:49988  59.37.96.205:443      59.37.96.205:443
tcp 10.0.0.3:49990     192.168.10.100:49990  14.17.42.43:36688     14.17.42.43:36688
tcp 10.0.0.3:49991     192.168.10.100:49991  180.163.26.34:80      180.163.26.34:80
//以上条目说明了 192.168.10.100 到 10.0.0.3 的 tcp 转换情况
    (------省略部分输出------)
//以上输出显示内部本地地址与内部全局地址的映射关系
```

(3) 查看 NAT 转换的统计信息

R1#**show ip nat statistics**
Total active translations: 146 (1 static, 145 dynamic; 145 extended)
//处于活动转换条目的总数为 146，包括静态的 1 条和动态的 145 条
Peak translations: 146, occurred 00:00:36 ago
//最高峰转换的数目 146 与发生时间
Outside interfaces:
  Serial0/0/0
//NAT 外部接口
Inside interfaces:
  FastEthernet0/0
//NAT 内部接口
Hits: 1985   Misses: 0
//共计转换数据包 1985 个，没有转换失败的数据包
CEF Translated packets: 1241, CEF Punted packets: 744
//1241 个数据包是 Cisco CEF 转发
Expired translations: 102
//超时转换条目 102 条
Dynamic mappings:
//动态映射情况
Appl doors: 0
Normal doors: 0
Queued Packets: 0

5. 连通性测试

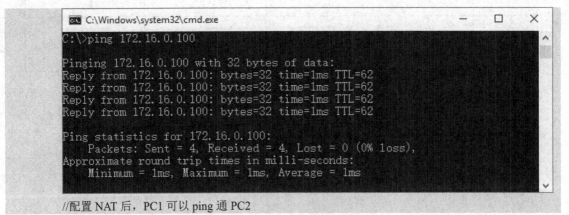

//配置 NAT 后，PC1 可以 ping 通 PC2

5.3 实训二：动态 NAT 配置

【实验目的】
- 部署动态 NAT。
- 熟悉动态 NAT 的应用方法。
- 验证配置。

【实验拓扑】

实验拓扑如图 5-4 所示。

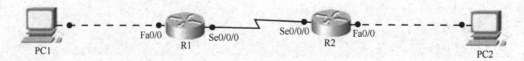

图 5-4 实验拓扑

设备参数如表 5-7 所示。

表 5-7 设备参数表

设备	接口	IP 地址	子网掩码	默认网关
R1	Fa/0/0	192.168.10.1	255.255.255.0	N/A
	Se/0/0/0	10.0.0.1	255.255.255.0	N/A
R2	Fa/0/0	172.16.0.1	255.255.255.0	N/A
	Se/0/0/0	10.0.0.2	255.255.255.0	N/A
PC1	N/A	192.168.10.100	255.255.255.0	192.168.10.1
PC2	N/A	172.16.0.100	255.255.255.0	172.16.0.1

【实验内容】

1. 配置基础路由

R1(config)#**ip route 0.0.0.0 0.0.0.0 10.0.0.2**

2. 配置动态 NAT

R1(config)#**access-list 1 permit 192.168.10.0 0.0.0.255**
//创建 ACL，编号为 1，允许 192.168.10.0/24 网段通过

R1(config)#**ip nat pool dnat 10.0.0.3 10.0.0.10 netmask 255.255.255.0**
//创建动态 NAT 地址池

R1(config)#**ip nat inside source list 1 pool dnat**
//在动态 NAT 地址池应用 ACL

R1(config)#**interface fastEthernet 0/0**
R1(config-if)#**ip nat inside**
//在 Fa0/0 端口入方向应用动态 NAT

R1(config)#**interface serial 0/0/0**
R1(config-if)#**ip nat outside**
//在 Se0/0/0 端口出方向应用动态 NAT

3. 查看 NAT 信息

（1）查看 NAT 转换信息

```
R1#show ip nat translations
Pro  Inside global        Inside local           Outside local         Outside global
icmp 10.0.0.3:1           192.168.10.100:1       172.16.0.10:1         172.16.0.10:1
icmp 10.0.0.3:1           192.168.10.100:1       172.16.0.100:1        172.16.0.100:1
udp  10.0.0.3:4466        192.168.10.100:4466    112.74.189.106:10001  112.74.189.106:10001
tcp  10.0.0.3:50319       192.168.10.100:50319   123.151.71.34:80      123.151.71.34:80
tcp  10.0.0.3:50320       192.168.10.100:50320   180.163.26.34:80      180.163.26.34:80
tcp  10.0.0.3:50321       192.168.10.100:50321   123.151.71.34:80      123.151.71.34:80
tcp  10.0.0.3:50322       192.168.10.100:50322   183.57.48.55:80       183.57.48.55:80
tcp  10.0.0.3:50324       192.168.10.100:50324   180.163.26.34:80      180.163.26.34:80
tcp  10.0.0.3:50325       192.168.10.100:50325   101.226.76.232:8080   101.226.76.232:8080
tcp  10.0.0.3:50326       192.168.10.100:50326   47.92.21.26:80        47.92.21.26:80
tcp  10.0.0.3:50327       192.168.10.100:50327   183.192.200.20:8080   183.192.200.20:8080
tcp  10.0.0.3:50328       192.168.10.100:50328   183.57.48.55:80       183.57.48.55:80
tcp  10.0.0.3:50329       192.168.10.100:50329   14.17.41.155:8080     14.17.41.155:8080
tcp  10.0.0.3:50330       192.168.10.100:50330   163.177.71.158:8080   163.177.71.158:8080
tcp  10.0.0.3:50331       192.168.10.100:50331   180.163.26.34:80      180.163.26.34:80
tcp  10.0.0.3:50332       192.168.10.100:50332   120.198.203.149:8080  120.198.203.149:8080
tcp  10.0.0.3:50333       192.168.10.100:50333   182.254.104.121:8080  182.254.104.121:8080
```

Pro	Inside global	Inside local	Outside local	Outside global
tcp	10.0.0.3:50334	192.168.10.100:50334	183.57.48.55:80	183.57.48.55:80
tcp	10.0.0.3:50335	192.168.10.100:50335	219.133.60.243:36688	219.133.60.243:36688
tcp	10.0.0.3:50336	192.168.10.100:50336	58.250.137.93:443	58.250.137.93:443
tcp	10.0.0.3:50337	192.168.10.100:50337	180.163.26.34:80	180.163.26.34:80
tcp	10.0.0.3:50338	192.168.10.100:50338	219.133.60.243:36688	219.133.60.243:36688
tcp	10.0.0.3:50339	192.168.10.100:50339	58.250.137.93:443	58.250.137.93:443
tcp	10.0.0.3:50340	192.168.10.100:50340	183.57.48.55:80	183.57.48.55:80
tcp	10.0.0.3:50341	192.168.10.100:50341	47.92.21.26:80	47.92.21.26:80
udp	10.0.0.3:54522	192.168.10.100:54522	180.163.26.34:8000	180.163.26.34:8000
udp	10.0.0.3:54522	192.168.10.100:54522	183.57.48.55:8000	183.57.48.55:8000
---	10.0.0.3	192.168.10.100	---	---

//以上输出显示了 192.168.10.100 到 10.0.0.3 的 icmp、udp 及 tcp 的转换情况

（2）查看 NAT 转换的统计信息

R1#show ip nat statistics
R1#show ip nat statistics
Total active translations: 56 (0 static, 56 dynamic; 55 extended)
Peak translations: 211, occurred 00:04:17 ago
Outside interfaces:
　Serial0/2/0
Inside interfaces:
　FastEthernet0/0
Hits: 3239　Misses: 0
CEF Translated packets: 1974, CEF Punted packets: 1265
Expired translations: 144
Dynamic mappings:
//动态映射情况
-- Inside Source
[Id: 1] access-list 1 pool dnat refcount 56
//NAT 的地址池 dnat 与 ACL1 绑定，当前 NAT 表项中使用地址池转换条目是 56 条
　pool dnat: netmask 255.255.255.0
//地址池名字与子网掩码
　　　start 10.0.0.3 end 10.0.0.10
//动态转换地址池的开始与结束 IP 地址
　　　type generic, total addresses 8, allocated 1 (12%), misses 0

//地址池的使用情况，共 8 个地址可以进行动态转换，已经使用 1 个地址进行 NAT 转换

Appl doors: 0

Normal doors: 0

Queued Packets: 0

4. 连通性测试

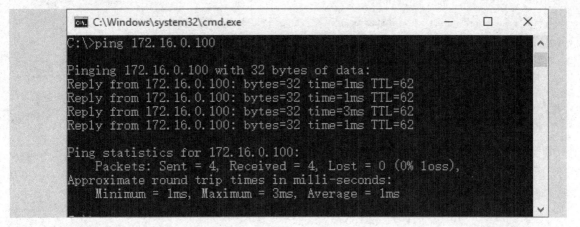

5.4 实训三：NAT 过载配置

【实验目的】
- 部署端口地址转换。
- 熟悉端口地址转换的应用方法。
- 验证配置。

【实验拓扑】

实验拓扑如图 5-4 所示。设备参数如表 5-7 所示。

【实验内容】

1. 修改路由器配置如下

> R1(config)#**ip nat inside source list 1 pool dnat overload**
> \\配置 NAT 过载
> R1(config)#**interface fastEthernet 0/0**
> R1(config-if)#**ip nat inside**
> R1(config)#**interface serial 0/0/0**
> R1(config-if)#**ip nat outside**

//如果需要转换的地址数量不多,可以直接用出接口的地址配置 NAT 过载,不需要定义地址池,配置命令如下

R1(config)#**ip nat inside source list 1 interface Serial0/0/0 overload**

2. R1 上的 NAT 信息

R1#**show ip nat translations**

Pro	Inside global	Inside local	Outside local	Outside global
udp	10.0.0.3:4466	192.168.10.100:4466	112.74.189.106:10001	112.74.189.106:10001
tcp	10.0.0.3:51684	192.168.10.100:51684	58.250.137.93:443	58.250.137.93:443
tcp	10.0.0.3:51685	192.168.10.100:51685	47.92.21.26:80	47.92.21.26:80
tcp	10.0.0.3:51686	192.168.10.100:51686	183.57.48.55:80	183.57.48.55:80
tcp	10.0.0.3:51687	192.168.10.100:51687	180.163.26.34:80	180.163.26.34:80
tcp	10.0.0.3:51688	192.168.10.100:51688	58.250.137.93:443	58.250.137.93:443
udp	10.0.0.3:54522	192.168.10.100:54522	180.163.26.34:8000	180.163.26.34:8000

R1#**show ip nat statistics**

Total active translations: 13 (0 static, 13 dynamic; 13 extended)

Peak translations: 994, occurred 00:01:00 ago

Outside interfaces:
　Serial0/2/0

Inside interfaces:
　FastEthernet0/0

Hits: 16172 Misses: 0

CEF Translated packets: 9411, CEF Punted packets: 6761

Expired translations: 551

Dynamic mappings:

-- Inside Source

[Id: 2] access-list 1 pool dnat refcount 13
　pool dnat: netmask 255.255.255.0
　　　start 10.0.0.3 end 10.0.0.10
　　　type generic, total addresses 8, allocated 1 (12%), misses 0

Appl doors: 0

Normal doors: 0

Queued Packets: 0

5.5 实训四：内部服务器端口映射

【实验目的】
- 部署服务器地址转换。
- 熟悉服务器地址转换的应用方法。
- 验证配置。

【实验拓扑】
实验拓扑如图 5-5 所示。

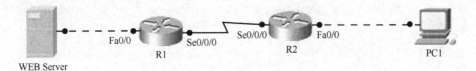

图 5-5 实验拓扑

设备参数如表 5-8 所示。

表 5-8 设备参数表

设备	接口	IP 地址	子网掩码	默认网关
R1	Fa/0/0	172.16.10.254	255.255.255.0	N/A
	Se/0/0/0	100.0.0.1	255.255.255.0	N/A
R2	Fa/0/0	192.168.10.1	255.255.255.0	N/A
	Se/0/0/0	100.0.0.2	255.255.255.0	N/A
PC1	N/A	192.168.10.100	255.255.255.0	192.168.10.1
WEBServer	N/A	172.16.10.1	255.255.255.0	172.16.10.254

【实验内容】

1. 配置基础路由

```
R1(config)#ip route 0.0.0.0 0.0.0.0 100.0.0.2
```

2. 验证服务

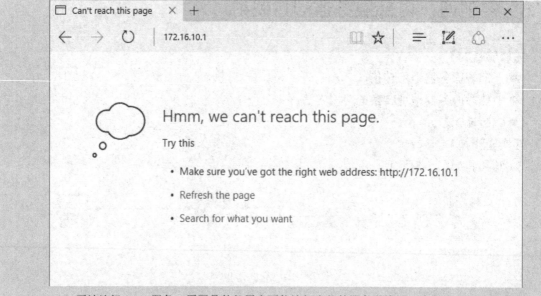

\\PC1无法访问 Web 服务，原因是外部用户不能访问内部的服务器资源，内部服务器地址属于私有地址

3. 配置端口转换

```
R1(config)# ip nat inside source static tcp 172.16.10.1 80 10.0.0.3 80
\\配置服务器端口映射
R1(config)#interface fastEthernet 0/0
R1(config-if)#ip nat inside
R1(config)#interface serial 0/0/0
R1(config-if)#ip nat outside
```

4. R1 上的 NAT 信息

```
R1#show ip nat translations
Pro Inside global      Inside local        Outside local           Outside global
tcp 10.0.0.3:80        172.16.10.1:80      192.168.10.100:65421    192.168.10.100:65421
tcp 10.0.0.3:80        172.16.10.1:80      ---                     ---


R1#show ip nat statistics
Total active translations: 3 (1 static, 2 dynamic; 3 extended)
Peak translations: 4, occurred 00:00:56 ago
```

```
Outside interfaces:
    Serial0/2/0
Inside interfaces:
    FastEthernet0/0
Hits: 569    Misses: 0
CEF Translated packets: 569, CEF Punted packets: 0
Expired translations: 5
Dynamic mappings:
Appl doors: 0
Normal doors: 0
Queued Packets: 0
```

5. 验证服务

\\PC1可以访问Web服务，而访问的时候使用的公网IP地址100.0.0.3，验证了服务器的端口映射

第6章 >>>

虚拟专网 VPN

本章要点

- VPN 简介
- 实训一：Site to Site VPN 配置
- 实训二：远程访问 VPN
- 实训三：GRE over IPsec VPN 配置

虚拟专网 VPN（Virtual Private Network）属于远程访问技术，简单地说就是利用公用网络架设专用网络。例如某公司员工出差到外地，他想访问企业内网的服务器资源，这种访问就属于远程访问。VPN 技术在企业网络中有着广泛的应用，可以通过服务器、硬件和软件等多种方式实现。

6.1 VPN 简介

VPN 是在公用网络中，按照相同的策略和安全规则，建立私有网络链接，如图 6-1 所示。

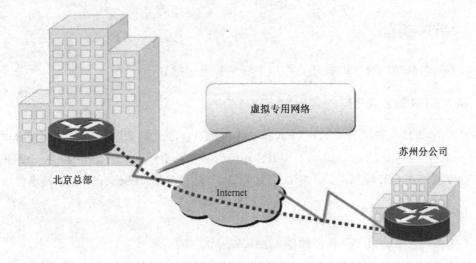

图 6-1　VPN 结构

在传统的企业网络配置中，要进行远程访问，方法是租用 DDN（数字数据网）专线或帧中继，这样的通信方案必然导致高昂的网络通信和维护费用。对于移动用户（移动办公人员）与远端个人用户而言，一般会通过拨号线路进入企业的局域网，这样必然带来安全上的隐患。VPN 技术使得数据通信都进行了加密处理，有了数据加密就可以认为数据是在一条安全的传输通道上进行传输，就如同专门架设了一个专用网络一样。

6.1.1 VPN 特点

VPN 技术从一定角度解决了数据传输的安全问题，有如下优点。

- **灵活性**：VPN 能够让移动员工、远程员工、合作伙伴等利用高速的宽带网络连接到企业网络，保证数据传输的安全性能。
- **费用低**：VPN 技术利用现成的宽带网络建立虚拟通道，不需要额外的铺设网络，因此费用较低。
- **可扩展性**：设计良好的 VPN 是模块化和可升级的，VPN 使企业使用 ISP 网络，可让用户更容易使用设置的互联网基础设施，快速地让新用户添加到网络。
- **拓扑管理**：VPN 技术可以让自己完全掌握自己网络的控制权，网络管理变化可以由自己管理。

但是 VPN 技术也有一些缺陷。例如，企业不能直接控制基于互联网的 VPN 可靠性和性能；创建 VPN 线路并不容易，这需要用户高水平的理解网络和安全问题；需要认真地规划和配置；不同厂商的 VPN 解决方案有兼容问题，等等。

6.1.2 VPN 类型

根据不同的分类标准，VPN 可以按以下 3 个标准进行划分。

1. 按照 VPN 的协议分类

VPN 的隧道协议主要有 L2TP（Layer 2 Tunnel Protocol）、PPTP（Point to Point Tunnel Protocol）、L2F（Layer 2 Forwarding）和 IPSec（IP Security Protocol）3 种。其中，L2TP、PPTP 和 L2F 协议工作在 OSI 模型的第二层，又称为二层隧道协议；IPSec 是第三层隧道协议。

2. 按照 VPN 拓扑分类

按照拓扑可以分为以下两种，如图 6-2 所示：

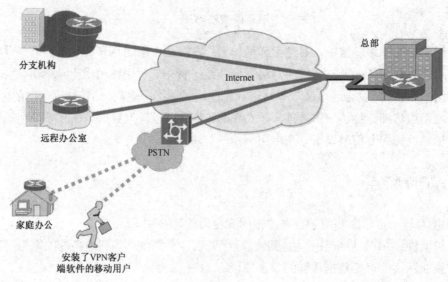

图 6-2　VPN 应用分类

- **Remote Access VPN**（远程接入 VPN）：客户端到网关，使用公网作为骨干网在设备之间传输 VPN 数据流量。
- **Site to Site VPN**（站点到站点 VPN）：网关到网关，通过公司的网络架构连接来自同公司的资源。

3. 按照实现原理分类

按照实现原理不同，可以分为以下两种。

- **重叠 VPN**：此 VPN 需要用户自己建立端节点之间的 VPN 链路，主要包括 GRE、L2TP、IPSec 等众多技术。
- **对等 VPN**：由网络运营商在主干网上完成 VPN 通道的建立，主要包括 MPLS VPN 技术。

6.1.3 VPN 工作原理

VPN 的基本工作过程如图 6-3 所示。数据由源端出发，经过访问控制、报文加密、报文认证、封装后进入隧道，到达目的地后进行数据的解封装、认证、解密等过程，而整个过程中涉及的技术有安全隧道技术、信息加密技术、用户认证技术及访问控制技术。

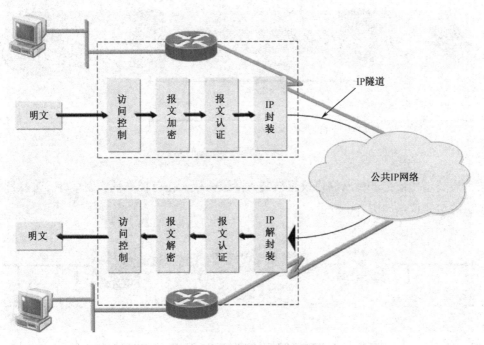

图 6-3　VPN 的基本工作过程

1. 安全隧道技术

为了在公网上传输私有数据,必须进行"信息封装(Encapsulation)"。在 Internet 上传输的加密数据包中,只有 VPN 端口或网关的 IP 地址暴露在外面,如图 6-4 所示。

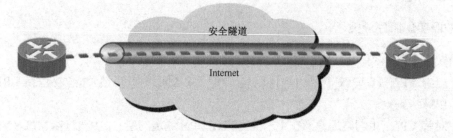

图 6-4　VPN 隧道示例

目前按照协议分为二层隧道和三层隧道。第二层隧道协议,建立在点对点协议 PPP 的基础上,先把各种网络协议(IP、IPX)封装到 PPP 帧中,再把整个数据帧装入隧道协议,此类隧道适用于公共电话交换网或 ISDN 线路链接的 VPN,如图 6-5 所示。

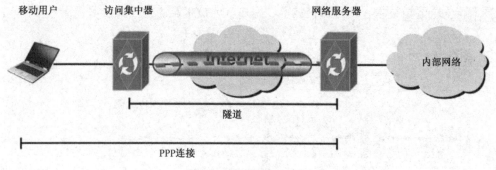

图 6-5　第二层隧道协议

第三层隧道协议把各种网络协议直接装入隧道协议,在可扩充性、安全性、可靠性方面优于第二层隧道协议,如图 6-6 所示。

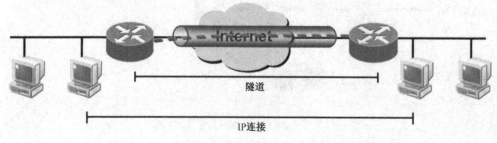

图 6-6　第三层隧道协议

2. 信息加密技术

数据加密主要是确保数据的安全。一种方法是保护算法，加密系统的安全性能基于算法本身的保密，算法代码必须被严密保护起来，如果算法泄露，所有相关方必须改变算法。第二种途径是保护密钥，对于现代密码术，所有的算法都是公开的，由密码密钥确保数据的安全。密钥是一个比特序列，它与被加密的数据一起被输入一个加密算法。

两种基本类别的加密算法被用于保护密钥：对称和非对称。

对称加密使用相同的密钥对数据进行加密和解密，如图 6-7 所示。使用的对称密钥一般需要提前共享。对称加密有以下特点：

- 通常加密比较快（可以达到线速）。
- 基于简单的数学操作（可借助硬件）。
- 用于大批量加密。
- 密钥的管理是最大的问题。

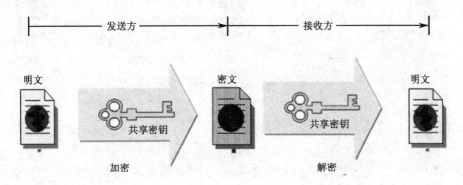

图 6-7 对称加密算法

非对称加密算法使用不同的密钥进行加密和解密数据，每一方都有两个密钥，即公钥和私钥。其中，公钥可以公开；私钥必须安全保存。其中一个密钥用于加密，一个用于解密，其算法在运行速度上远低于对称加密算法。非对称加密算法包括公钥加密和私钥签名两种方法，如图 6-8 和图 6-9 所示。

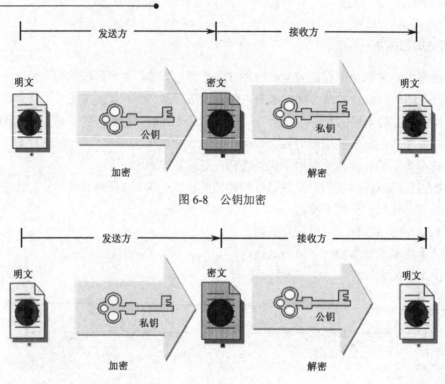

图 6-8 公钥加密

图 6-9 私钥签名

6.1.4 IPsec

IPSec（IP Security）是 IETF 为保证在 Internet 上传送数据的安全保密性，而制定的框架协议，各算法之间相互独立，应用在网络层，保护和认证 IP 数据包。IPsec 可以从传输层至应用层实现保护，所以 IPsec 几乎可以保护所有的应用流量。

1. 工作模式

IPsec 支持隧道模式和传输模式。

- **隧道模式**：IPsec 对整个 IP 数据包进行封装和加密，隐蔽了源和目的 IP 地址，从外部看不到数据包的路由过程。
- **传输模式**：IPsec 只对 IP 有效数据载荷进行封装和加密，IP 源和目的 IP 地址不加密传送，安全程度相对较低。

2. IPsec 框架

IPsec 框架提供了信息的机密性、数据的完整性、用户的验证和防重放保护，包含以下

5 个组件。

- **安全协议**：IPsec 提供两个安全协议，即 AH（Authentication Header）认证头协议和 ESP（Encapsulation Security Payload）封装安全载荷协议，AH 和 ESP 的隧道模式封装如图 6-10 和图 6-11 所示。
- **加密算法**：IPsec 使用的加密算法很多，如 DES、3DES、AES 等，用户可以根据需求选择合适的加密算法。
- **认证算法**：确保数据的完整性，使用 MD5 或 SHA 认证算法。
- **共享密钥**：一般有两种方法，预共享密钥或使用 RSA 的数字签名。
- **DH 算法组**：一般有 3 种 DH 密钥交换算法，包括 DH Group1（DH1）、DH Group2（DH2）和 DH Group5（DH5）。

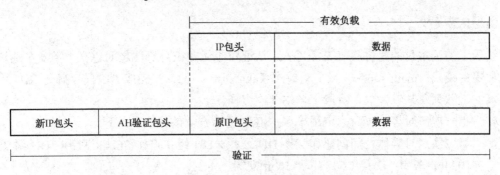

图 6-10　AH 隧道模式封装

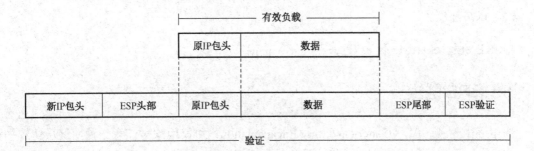

图 6-11　ESP 隧道模式封装

3. 安全联盟

两个设备之间的协商参数被称为安全联盟 SA（Security Association），建立 SA 是其他 IPsec 服务的前提。一个 SA 通常包含以下安全参数。

- 认证/加密算法、密钥长度及其他的参数。

- 认证和加密所需要的密钥。
- 哪些数据要使用该 SA。
- IPsec 的封装协议和模式。

4. IKE

IPsec 使用 Internet 密钥交换 IKE（Internet Key Exchange）协议来建立密钥交换过程。IKE 在 RFC2409 中定义，它是一种混合协议，结合了 Internet 联盟和密钥管理协议 ISAKMP（Internet Security And Key Management Protocol）等多种协议。每个对等体必须由相同的 ISAKMP 和 IPsec 参数来建立一个安全的 VPN。

在两个对等体之间建立一条安全通信隧道，IKE 协议执行两个阶段。

（1）IKE 阶段 1

阶段 1 的基本目的是协商 IKE 策略集、认证对等体并在对等体之间建立一条安全通道。它可以使用主模式（main mode）或主动模式（aggressive mode）完成。阶段 1 确定 IKE 通信安全的算法、散列及其他参数，阶段 1 发生 3 次交换。

- 第一次：对等体协商确定用于保护 IKE 通信安全的算法和散列。
- 第二次：对等体之间创建和交换 DH 公钥。DH 组 1 产生 768bit 密钥，DH 组 2 产生 1024bit 密钥，DH 组 5 产生 1536bit 密钥。
- 第三次：认证远端的对等体，使用 PSK、RSA 签名或 RSA 加密随机数。

（2）IKE 阶段 2

由 IKE 进程 ISAKMP 代表 IPsec 进行 SA 协商。

6.1.5　GRE 隧道

通用路由封装 GRE（Generic Routing Encapsulation）协议用来对任意一种网络层协议（如 IPv6）的数据报文进行封装，使这些被封装的数据报文能够在另一个网络（如 IPv4）中传输。其包头如图 6-12 所示。

		<---原始IP数据包（乘客协议）--->		
IP	GRE	IP	TCP	数据

图 6-12　GRE 包头

封装前后数据报文的网络层协议可以相同,也可以不同。封装后的数据报文在网络中传输的路径,称为 GRE 隧道。GRE 隧道是一个虚拟的点到点的连接,其两端的设备分别对数据报文进行封装及解封装,GRE 封装后的报文包括如下 3 部分。

(1)净荷数据(Payload packet)

需要封装和传输的数据报文。净荷数据的协议类型称为乘客协议(Passenger Protocol)。乘客协议可以是任意的网络层协议。

(2)GRE 头(GRE header)

采用 GRE 协议对净荷数据进行封装所添加的报文头,包括封装层数、版本、乘客协议类型、校验和信息、Key 信息等内容。添加 GRE 头后的报文称为 GRE 报文。对净荷数据进行封装的 GRE 协议,称为封装协议(Encapsulation Protocol)。

(3)传输协议的报文头(Delivery header)

在 GRE 报文上添加报文头,以便传输协议对 GRE 报文进行转发处理。传输协议(Delivery Protocol 或 Transport Protocol)是指负责转发 GRE 报文的网络层协议。设备支持 IPv4 和 IPv6 两种传输协议:当传输协议为 IPv4 时,GRE 隧道称为 GRE over IPv4 隧道;当传输协议为 IPv6 时,GRE 隧道称为 GRE over IPv6 隧道。

6.2 实训一:Site to Site VPN 配置

【实验目的】
- 理解 Site to Site VPN 的含义。
- 掌握 Site to Site VPN 的配置。
- 验证配置。

【实验拓扑】

实验拓扑如图 6-13 所示。

图 6-13 实验拓扑

设备参数如表 6-1 所示。

表 6-1 设备参数表

设备	接口	IP 地址	子网掩码	默认网关
R1	S0/0/0	69.1.0.1	255.255.255.0	N/A
R1	Fa0/0	192.168.1.1	255.255.255.0	N/A
R2	S0/0/0	201.106.208.2	255.255.255.0	N/A
R2	Fa0/0	192.168.2.1	255.255.255.0	N/A

【实验内容】

1. IP 地址与路由配置

在路由器 R1、R2 上配置 IP 地址，测试各直连链路的连通性，并配置如下路由：

> R1(config)#**ip route 0.0.0.0 0.0.0.0 Se0/0/0**
> //公网出口路由器通常会由默认路由指向 Internet
> R2(config)#**ip route 0.0.0.0 0.0.0.0 Se0/0/0**

2. 置 Site to Site VPN

（1）R1 的基本配置

① IKE 协商配置。

> R1(config)#**crypto isakmp enable**
> //使能 isakmp 功能
> R1(config)#**crypto isakmp policy 10**
> //创建一个 isakmp 策略，编号为 10。可以有多个策略，路由器双发将采用编号最小的策略进行协商
> R1(config-isakmp)#**encryption des**
> //配置 isakmp 采用的加密算法，可以选择 3DES、AES 和 DES
> R1(config-isakmp)#**authentication pre-share**
> //配置 isakmp 采用的身份认证算法，这里采用预共享密钥
> R1(config-isakmp)#**hash sha**
> //配置 isakmp 采用的 HASH 算法，可以选择 MD5 和 SHA
> R1(config-isakmp)#**group 5**
> //配置 isakmp 采用的密钥交换算法，这里采用 DH group 5，可以选择 1，14，15，16，2，5
> R1(config)#**crypto isakmp key cisco address 201.106.208.2**
> //配置对等体 201.106.208.2 的预共享密钥为 cisco，双方配置的密钥需要一致

② 配置 IPsec 的协商的传输模式集。

> R1(config)#**crypto ipsec transform-set TRAN esp-des esp-sha-hmac**
> //创建 ipsec 转换集，名称为 TRAN，该名称本地有效，这里转换集采用 ESP 封装，加密算法为 DES，HASH 算法为 sha，可以选择 AH 封装或 AH-ESP 封装

③ 配置感兴趣的数据流。

> R1(config)#**ip access-list extended VPN**
> R1(config-ext-nacl)#**permit ip 192.168.1.0 0.0.0.255 192.168.2.0 0.0.0.255**
> //定义一个 ACL，用来指明需要通过 VPN 加密的流量，注意这里限定的是两个局域网之间的流量才进行加密，其他流量（例如，到 Internet）不要加密

④ 配置 VPN 加密图与接口应用。

> R1(config)#**crypto map MAP 10 ipsec-isakmp**
> //创建加密图，名为 MAP，编号为 10。名称和编号都本地有效，路由器采用从小到大逐一匹配
> R1(config-crypto-map)#**set peer 201.106.208.2**
> //指明 VPN 对等体为路由器 R2
> R1(config-crypto-map)#**set transform-set TRAN**
> //指明转换集为前面已经定义的 TRAN
> R1(config-crypto-map)#**match address VPN**
> //指明匹配名为 VPN 的 ACL 为 VPN 流量
> R1(config-crypto-map)#**reverse-route static**
> //指明反向路由注入，这里会根据上一语句生成一条静态路由，static 关键字指明即使 VPN 会话没有建立起来反向路由也要创建
> R1(config)#**interface Serial0/0/0**
> R1(config-if)#**crypto map MAP**
> //在接口上应用之前创建的加密图 MAP

（2）R2 的基本配置

> R2(config)#**crypto isakmp enable**
> R2(config)#**crypto isakmp policy 10**
> R2(config-isakmp)#**encryption des**
> R2(config-isakmp)#**authentication pre-share**
> R2(config-isakmp)#**hash sha**
> R2(config-isakmp)#**group 5**
> R2(config)#**crypto isakmp key cisco address 69.1.0.1**

R2(config)#**crypto ipsec transform-set TRAN esp-des esp-sha-hmac**
R2(config)#**ip access-list extended VPN**
R2(config-ext-nacl)#**permit ip 192.168.2.0 0.0.0.255 192.168.1.0 0.0.0.255**
R2(config)#**crypto map MAP 10 ipsec-isakmp**
R2(config-crypto-map)#**set peer 69.1.0.1**
R2(config-crypto-map)#**set transform-set TRAN**
R2(config-crypto-map)#**match address VPN**
R2(config-crypto-map)#**reverse-route static**
R2(config)#**interface Serial0/0/0**
R2(config-if)#**crypto map MAP**

3. 实验调试

（1）查看路由表

R1#**show ip route**
(------省略部分输出------)
   69.0.0.0/24 is subnetted, 1 subnets
C   69.1.0.0 is directly connected, Serial0/0/0
C   192.168.1.0/24 is directly connected, FastEthernet0/0
S   192.168.2.0/24 [1/0] via 201.106.208.2
//路由器 R1 已经有一条 192.168.2.0/24 的路由存在，下一跳为对方公网地址
S* 0.0.0.0/0 is directly connected, Serial0/0/0

（2）显示 isakmp 策略情况

R1#**show crypto isakmp policy**
Global IKE policy
Protection suite of priority 10
   encryption algorithm: **DES** - Data Encryption Standard (56 bit keys).
//加密算法
   hash algorithm: Secure **Hash** Standard
//HASH 算法
   authentication method: **Pre-Shared Key**
//认证方法
   Diffie-Hellman group: #**5** (1536 bit)
//密钥交换算法
   lifetime: 86400 seconds, no volume limit

//生存时间，即重认证时间

（3）显示 ipsec 交换集情况

R1#**show crypto ipsec transform-set**
Transform set **TRAN**: { esp-des esp-sha-hmac }
　　will negotiate = { Tunnel, },
　　　//前面配置的交换集 TRAN
Transform set #$!default_transform_set_1: { esp-aes esp-sha-hmac }
　　will negotiate = { Transport, },
　　　//系统默认的交换集
Transform set #$!default_transform_set_0: { esp-3des esp-sha-hmac }
　　will negotiate = { Transport, },
　　　//系统默认的交换集

（4）显示加密图情况

R1#**show crypto map**
Crypto Map "**MAP**" 10 ipsec-isakmp
//名为 MAP 的加密图，编号 10 的配置
　　　Peer = 201.106.208.2
　　　　//配置的对等体 IP
　　　Extended IP access list VPN
　　　　//对符合名为 VPN 的 ACL 的流量进行加密
　　　　　access-list VPN permit ip 192.168.1.0 0.0.0.255 192.168.2.0 0.0.0.255
　　　Current peer: 201.106.208.2
　　　　//当前的对等体 IP
　　　Security association lifetime: 4608000 kilobytes/3600 seconds
　　　　//生存时间，即多长时间或传输了多少字节重新建立会话，保证数据的安全
　　　Responder-Only (Y/N): N
　　　PFS (Y/N): N
　　　Transform sets={
　　　　　　TRAN: { esp-des esp-sha-hmac } ,
　　　　　　　//使用的交换集为 TRAN
　　　}
　　　Reverse Route Injection Enabled
　　　　//启动反向路由注入
　　　Interfaces using crypto map MAP:

//使用改加密图的接口
Serial0/0/0

（5）显示 ipsec 会话情况

R1#**show crypto ipsec sa**
interface: Serial0/0/0
    Crypto map tag: MAP, local addr 69.1.0.1
  protected vrf: (none)
  local ident (addr/mask/prot/port): (192.168.1.0/255.255.255.0/0/0)
  remote ident (addr/mask/prot/port): (192.168.2.0/255.255.255.0/0/0)
  //以上是对等体双方的 ID
  current_peer 201.106.208.2 port 500
    PERMIT, flags={origin_is_acl,}
  #pkts encaps: 4, #pkts encrypt: 4, #pkts digest: 4
#pkts decaps: 4, #pkts decrypt: 4, #pkts verify: 4
    //以上是该接口的加解密数据包统计量
  #pkts compressed: 0, #pkts decompressed: 0
  #pkts not compressed: 0, #pkts compr. failed: 0
  #pkts not decompressed: 0, #pkts decompress failed: 0
  #send errors 1, #recv errors 0

  local crypto endpt.: 69.1.0.1, remote crypto endpt.: 201.106.208.2
  path mtu 1500, ip mtu 1500, ip mtu idb Serial0/0/0
  current outbound spi: 0x5ADF3820(1524578336)
  PFS (Y/N): N, DH group: none

  inbound esp sas:
  //入方向的 ESP 安全会话
  spi: 0x3183A937(830712119)
  //区别会话的一个编号
    transform: esp-des esp-sha-hmac ,
  //交换集情况
    in use settings ={Tunnel, }
  //模式：隧道或传输模式
    conn id: 2001, flow_id: FPGA:1, sibling_flags 80000046, crypto map: MAP
  //该会话的 ID

sa timing: remaining key lifetime (k/sec): (4408964/2013)
//还剩下的生存时间
IV size: 8 bytes
replay detection support: Y
Status: ACTIVE
//会话状态

inbound ah sas:
　　//入方向的 AH 安全会话，由于我们没有使用 AH 封装，所以没有 AH 会话

inbound pcp sas:

outbound esp sas:
//出方向的 ESP 安全会话
　spi: 0x5ADF3820(1524578336)
　　transform: esp-des esp-sha-hmac ,
　　in use settings ={Tunnel, }
　　conn id: 2002, flow_id: FPGA:2, sibling_flags 80000046, crypto map: MAP
　　sa timing: remaining key lifetime (k/sec): (4408964/2013)
　　IV size: 8 bytes
　　replay detection support: Y
　　Status: ACTIVE

outbound ah sas:

outbound pcp sas:

6.3　实训二：远程访问 VPN

【实验目的】
- 理解远程访问 VPN 的概念。
- 掌握远程访问 VPN 的配置。
- 掌握 VPN Client 软件的使用。
- 验证配置。

【实验拓扑】

实验拓扑如图 6-14 所示。

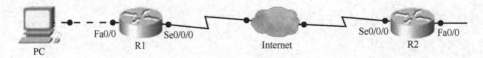

图 6-14 实验拓扑

设备参数如表 6-2 所示。

表 6-2 设备参数表

设备	接口	IP 地址	子网掩码	默认网关
R1	S0/0/0	69.1.0.1	255.255.255.0	N/A
	Fa0/0	192.168.1.1	255.255.255.0	N/A
R2	S0/0/0	201.106.208.2	255.255.255.0	N/A
	Fa0/0	192.168.2.1	255.255.255.0	N/A
PC	N/A	192.168.1.100	255.255.255.0	192.168.1.1

【实验内容】

1. IP 地址与路由配置

在路由器 R1、R2 上配置 IP 地址,测试各直连链路的连通性,并配置如下路由:

> R1(config)#**ip route 0.0.0.0 0.0.0.0 Se0/0/0**
> R2(config)#**ip route 0.0.0.0 0.0.0.0 Se0/0/0**

外网出口路由器通常会使用 NAT,R1 的模拟配置如下:

> R1(config)#**interface Serial0/0/0**
> R1(config-if)#**ip nat outside**
> R1(config)#**interface FastEthernet0/0**
> R1(config-if)#**ip nat inside**
> R1(config)#**access-list 10 permit 192.168.1.0 0.0.0.255**
> R1(config)#**ip nat inside source list 10 interface Serial0/0/0 overload**

测试从 R1 能否 ping 通 R2 的公网接口。在 PC 上配置 IP 地址和网关,测试能否 ping 通

VPN 网关路由器 R2（201.106.208.2）。

2. 在路由器 R2 上配置远程访问 VPN

```
R2(config)#crypto isakmp enable
R2(config)#crypto isakmp policy 10
R2(config-isakmp)#encryption 3des
R2(config-isakmp)#hash sha
R2(config-isakmp)#authentication pre-share
R2(config-isakmp)#group 2
//如果客户端是软件客户端，group 只能选择 group2
```

以下设置推送到客户端的组策略：

```
R2(config)#ip local pool REMOTE-POOL 192.168.3.1 192.168.3.250
//定义 IP 地址池，用于向 VPN 客户分配 IP 地址
R2(config)#ip access-list extended EZVPN
R2(config-ext-nacl)#permit ip 192.168.2.0 0.0.0.255 any
R2(config-ext-nacl)#permit ip 192.168.3.0 0.0.0.255 any
```
//定义 Split-Tunnel 的列表，该列表向客户端指明只有发往该网络的数据包才进行加密，而其他流量（如访问 R1 内部局域网或 Internet 的流量）不要加密
```
R2(config)#crypto isakmp client configuration group VPN-REMOTE-ACCESS
```
//创建一个组策略，组名为 VPN-REMOTE-ACCESS，以下语句用于对该组的属性进行设置
```
R2(config-isakmp-group)#key MYVPNKEY
```
//设置组密钥
```
R2(config-isakmp-group)#pool REMOTE-POOL
```
//配置该组的用户采用的 IP 地址池
```
R2(config-isakmp-group)#save-password
```
//允许用户保存组的密码，否则必须每次输入
```
R2(config-isakmp-group)#acl EZVPN
```
//指明 Split-Tunnel 所使用的 ACL
```
R2(config)#aaa new-model
```
//启动 AAA 功能
```
R2(config)#aaa authorization network VPN-REMOTE-ACCESS local
```
//定义在本地进行授权
```
R2(config)#crypto map CLIENTMAP isakmp authorization list VPN-REMOTE-ACCESS
```
//指明 isakmp 授权方式
```
R2(config)#crypto map CLIENTMAP client configuration address respond
```

//配置当用户请求 IP 地址时就响应地址请求

以下设置用于定义 DPD 时间。路由器定时检测 VPN 会话，如果会话已经有 60s 没有响应，将被删除，用于防止用户非正常终止会话（如注销 VPN 之前直接断网）。

R2(config)#**crypto isakmp keepalive 60**

以下定义交换集和加密图：

R2(config)#**crypto ipsec transform-set VPNTRANSFORM esp-3des esp-sha-hmac**
R2(config)#**crypto dynamic-map DYNMAP 10**
//此处创建动态加密图，因为无法预知客户端 IP
R2(config-crypto-map)#**set transform-set VPNTRANSFORM**
R2(config-crypto-map)#**reverse-route**
R2(config)#**crypto map CLIENTMAP 65535 ipsec-isakmp dynamic DYNMAP**
//创建静态加密图时引用动态加密图，接口下只能应用静态加密图

以下配置 Xauth：

R2(config)#**aaa authentication login VPNUSERS local**
//定义一个认证方式，用户名和密码在本地
R2(config)#**username vpnuser secret cisco**
//定义一个用户名和密码
R2(config)#**crypto map CLIENTMAP client authentication list VPNUSERS**
//以上指明采用之前定义的认证方式对用户进行认证
R2(config)#**crypto isakmp xauth timeout 20**
//设置认证的超时时间
R2(config)#**interface Serial0/0/0**
R2(config-if)#**crypto map CLIENTMAP**

3. VPN Client 软件配置

打开 Cisco 公司的 VPN Client 客户端软件，如图 6-15 所示。

单击"New"图标添加新的连接，如图 6-16 所示。在"Connection Entry"文本框中输入连接名字（名字自定），在"Host"文本框中输入 VPN 网关的 IP 地址，在标签页中选择"Authentication"并选择"Group Authentication"，在"Name"文本框中输入之前配置的组名，在"Password"文本框中输入密码（组密码，这里为 MYVPNKEY，大小写敏感），保存即可。

图 6-15 VPN Client 主窗口

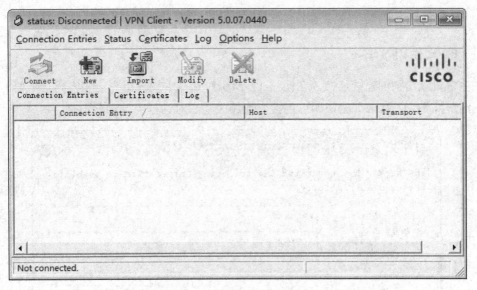

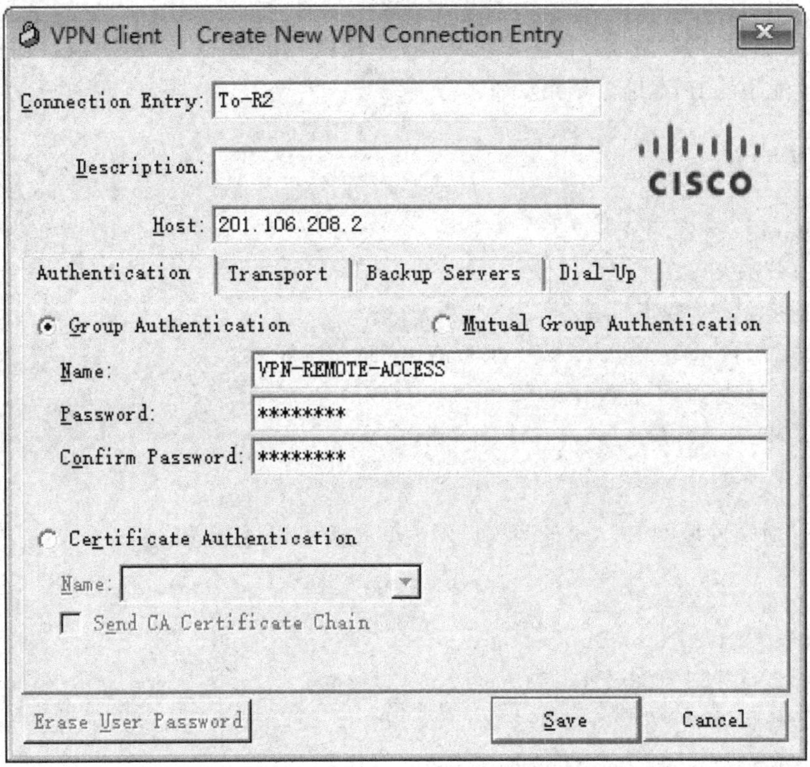

图 6-16 建立新的 VPN 连接

4. 实验验证

(1) PC 进行 VPN 连接

在主窗口双击刚创建的连接，在图 6-17 所示对话框中输入用户名和密码（不要与组名和组密码混淆），单击"OK"按钮即可连接。连接成功后对话框会自动最小化。

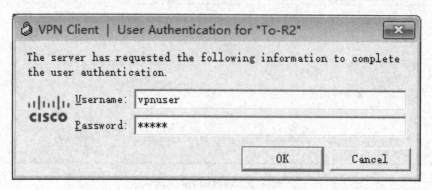

图 6-17　输入用户名和密码

如果配置正确并连接成功，在客户机 CMD 中使用"ipconfig"命令可以看到获取了一个之前配置的地址池中的 IP 地址，结果如下：

```
C:\>ipconfig

Windows IP 配置
以太网适配器 以太网：
    连接特定的 DNS 后缀 . . . . . . . :
    本地链接 IPv6 地址. . . . . . . . : fe80::6067:85b:4d18:202%5
    IPv4 地址 . . . . . . . . . . . . : 192.168.3.1
    子网掩码  . . . . . . . . . . . . : 255.255.255.0
    默认网关. . . . . . . . . . . . . :
```

通过 ping 对端局域网 IP，验证两局域网之间是否可以进行通信。

```
C:\>ping 192.168.2.1
Pinging 192.168.2.1 with 32 bytes of data:
Reply from 192.168.2.1: bytes=32 time=35ms TTL=64
Reply from 192.168.2.1: bytes=32 time=35ms TTL=64
Reply from 192.168.2.1: bytes=32 time=35ms TTL=64
Reply from 192.168.2.1: bytes=32 time=35ms TTL=64
```

```
Ping statistics for 192.168.2.1:
    Packets: Sent = 4, Received = 4, Lost = 0 (0% loss),
Approximate round trip times in milli-seconds:
    Minimum = 35ms, Maximum = 35ms, Average = 35ms
```

(2)检查路由表

在 VPN 客户端上检查路由表。当 VPN 连通后,VPN Client 软件会增加到达对端局域网的路由表:

```
C:\>route print
(------省略部分输出------)
IPv4 路由表
    192.168.1.255    255.255.255.255        在链路上        192.168.1.100    291
    192.168.2.0      255.255.255.0          192.168.3.1    192.168.3.2      100
    192.168.3.0      255.255.255.0          192.168.3.1    192.168.3.2      100
    //加粗部分是自动增加的路由
    192.168.3.2      255.255.255.255        在链路上        192.168.3.2      291
(------省略部分输出------)
    255.255.255.255  255.255.255.255        在链路上        192.168.3.2      291
永久路由:
    网络地址              网络掩码     网关地址       跃点数
     0.0.0.0              0.0.0.0      192.168.1.1    默认
```

VPN 网关路由器上也多出了一条指向客户端的主机路由,路由表如下:

```
R2#show ip route
(------省略部分输出------)
C    201.106.208.0/24 is directly connected, Serial0/0/0
C    192.168.2.0/24 is directly connected, FastEthernet0/0
     192.168.3.0/32 is subnetted, 1 subnets
S       192.168.3.2 [1/0] via 69.1.0.1
S*   0.0.0.0/0 is directly connected, Serial0/0/0
```

(3)在客户端查看统计数

打开 VPN Client 主窗口,执行菜单命令"Status"→"Stastics"可以查看 VPN 连接的统计数,如图 6-18 所示。图 6-19 显示的是去往什么网络的流量是本地流量(Loacl LAN,数据不加密),或者是 VPN 流量(Secured Routes,数据加密)。

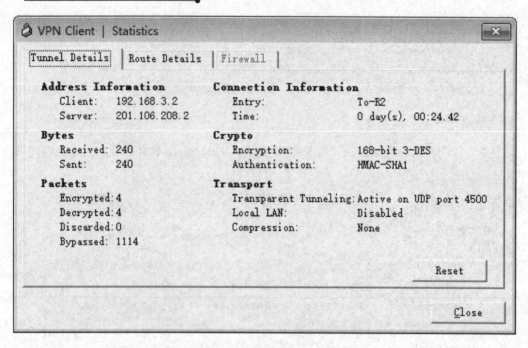

图 6-18 VPN 连接的统计数

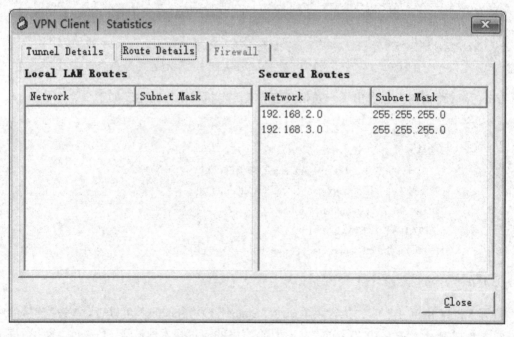

图 6-19 路由详细图

6.4 实训三：GRE over IPsec VPN 配置

【实验目的】
- 理解 GRE Tunnel 的概念。
- 理解 GRE over IPsec VPN 的概念。
- 掌握 GRE Tunnel 的配置。
- 掌握 GRE over IPsec VPN 的配置。
- 验证配置。

【实验拓扑】
实验拓扑如图 6-20 所示。

图 6-20 实验拓扑

设备参数如表 6-3 所示。

表 6-3 设备参数表

设 备	接 口	IP 地址	子网掩码	默认网关
R1	S0/0/0	69.1.0.1	255.255.255.0	N/A
	Fa0/0	192.168.1.1	255.255.255.0	N/A
	Tunnel0	172.16.0.1	255.255.255.0	N/A
R2	S0/0/0	201.106.208.2	255.255.255.0	N/A
	Fa0/0	192.168.2.1	255.255.255.0	N/A
	Tunnel0	172.16.0.2	255.255.255.0	N/A

【实验内容】

1. IP 地址与路由配置

在路由器 R1、R2 上配置 IP 地址，测试各直连链路的连通性，并配置如下路由：

R1(config)#**ip route 0.0.0.0 0.0.0.0 Se0/0/0**
R2(config)#**ip route 0.0.0.0 0.0.0.0 Se0/0/0**

测试从 R1 能否 ping 通 R2 的公网接口。

2. 配置 GRE Tunnel

（1）R1 的配置

R1(config)#**interface Tunnel0**
//创建 Tunnel 接口，编号为 0，编号本地有效
R1(config-if)#**tunnel mode gre ip**
//配置 Tunnel 类型为 IPv4 GRE Tunnel
R1(config-if)#**tunnel source Serial0/3/0**
//配置 Tunnel 源接口，路由器将以此接口地址作为 Tunnel 的源地址封装 VPN 数据包，也可直接输入源地址
R1(config-if)#**tunnel destination 201.106.208.2**
//配置 Tunnel 的目的地址，路由器将以此目的地址作为 Tunnel 的目的地址封装 VPN 数据包
R1(config-if)#**ip address 172.16.0.1 255.255.255.0**
//配置 Tunnel 接口上的 IP 地址。隧道建立后，可以把该隧道看成一条专线

（2）R2 的配置

R2(config)#**interface Tunnel0**
R2(config-if)#**tunnel mode gre ip**
R2(config-if)#**tunnel source Serial0/3/0**
R2(config-if)#**tunnel destination 69.1.0.1**
R2(config-if)#**ip address 172.16.0.2 255.255.255.0**

以上配置完成后，通过 ping 测试确保隧道两端可达。

R2#**ping 172.16.0.1**
Type escape sequence to abort.
Sending 5, 100-byte ICMP Echos to 172.16.0.1, timeout is 2 seconds:
!!!!!
Success rate is 100 percent (5/5), round-trip min/avg/max = 36/36/36 ms

3. 配置 GRE over IPSEC

（1）R1 的配置

R1(config)#**crypto isakmp enable**

R1(config)#**crypto isakmp policy 10**
R1(config-isakmp)#**encryption 3des**
R1(config-isakmp)#**authentication pre-share**
R1(config-isakmp)#**hash sha**
R1(config-isakmp)#**group 5**
R1(config)#**crypto isakmp key cisco address 201.106.208.2**
R1(config)#**crypto ipsec transform-set TRAN esp-3des esp-sha-hmac**
R1(config)#**ip access-list extended GoI**
R1(config-ext-nacl)#**permit gre host 69.1.0.1 host 201.106.208.2**
//此处应注意，应匹配 GRE 流量（GRE over IPSec VPN 将使所有 GRE 隧道的流量都进行加密），源地址和目的地址应是 IPSec 物理源接口和物理目的接口的 IP 地址
R1(config)#**crypto map MAP 10 ipsec-isakmp**
R1(config-crypto-map)#**set peer 201.106.208.2**
R1(config-crypto-map)#**set transform-set TRAN**
R1(config-crypto-map)#**match address GoI**
R1(config-crypto-map)#**interface Serial0/3/0**
R1(config-if)#**crypto map MAP**
//GRE over IPSec VPN 的加密图要应用在物理源接口上

（2）R2 的配置

R2(config)#**crypto isakmp enable**
R2(config)#**crypto isakmp policy 10**
R2(config-isakmp)#**encryption 3des**
R2(config-isakmp)#**authentication pre-share**
R2(config-isakmp)#**hash sha**
R2(config-isakmp)#**group 5**
R2(config-isakmp)#**crypto isakmp key cisco address 69.1.0.1**
R2(config)#**crypto ipsec transform-set TRAN esp-3des esp-sha-hmac**
R2(config)#**ip access-list extended GoI**
R2(config-ext-nacl)#**permit gre host 201.106.208.2 host 69.1.0.1**
R2(config)#**crypto map MAP 10 ipsec-isakmp**
R2(config-crypto-map)#**set peer 69.1.0.1**
R2(config-crypto-map)#**set transform-set TRAN**
R2(config-crypto-map)#**match address GoI**

R2(config-crypto-map)#**interface Serial0/3/0**

R2(config-if)#**crypto map MAP**

4. 配置隧道间路由

要使两端局域网互通，需要配置两端 GRE 隧道间路由。本实验两端局域网路由条目较少使用静态路由，根据实际情况也可选用动态路由协议。

R1(config)#**ip route 192.168.2.0 255.255.255.0 Tunnel0**
//通过 GRE 隧道传输数据，因此下一跳是 Tunnel0
R2(config)#**ip route 192.168.1.0 255.255.255.0 Tunnel0**

测试从 R1 内网接口能否 ping 通 R2 的内网接口。

5. 实验调试

（1）测试两端网络通信

首先检查路由表，输出如下：

```
R1#show ip route
(------省略部分输出------)
     69.0.0.0/24 is subnetted, 1 subnets
C       69.1.0.0 is directly connected, Serial0/3/0
     172.16.0.0/24 is subnetted, 1 subnets
C       172.16.0.0 is directly connected, Tunnel0
//GRE 隧道配置后，会自动配置相关路由
S    192.168.2.0/24 is directly connected, Tunnel0
S*   0.0.0.0/0 is directly connected, Serial0/3/0
```

从路由器 R1 上 ping 路由器 R2 局域网网段，触发 IPSec 隧道建立。

```
R1#ping 192.168.2.0
Type escape sequence to abort.
Sending 5, 100-byte ICMP Echos to 192.168.2.0, timeout is 2 seconds:
.!!!!
//第一个 ICMP 数据包触发 IPsec 建立，因此显示不可达
Success rate is 80 percent (4/5), round-trip min/avg/max = 48/51/52 ms
```

（2）检查 IPSec 相关情况

首先检查路由表，输出如下：

```
R1#show crypto ipsec sa
interface: Serial0/3/0
    Crypto map tag: MAP, local addr 69.1.0.1
   protected vrf: (none)
   local    ident (addr/mask/prot/port): (69.1.0.1/255.255.255.255/47/0)
   remote ident (addr/mask/prot/port): (201.106.208.2/255.255.255.255/47/0)
   current_peer 201.106.208.2 port 500
     PERMIT, flags={origin_is_acl,}
    #pkts encaps: 4, #pkts encrypt: 4, #pkts digest: 4
    #pkts decaps: 4, #pkts decrypt: 4, #pkts verify: 4
    #pkts compressed: 0, #pkts decompressed: 0
    #pkts not compressed: 0, #pkts compr. failed: 0
    #pkts not decompressed: 0, #pkts decompress failed: 0
#send errors 1, #recv errors 0
    //已经有 IPSec 相关数据包
(------省略部分输出------)
```

其他相关测试与 Site to Site 实验调试类似，这里不再给出。

第 7 章 >>>
网络管理与监控

本章要点

- SNMP
- Syslog
- NTP
- NetFlow
- 实训一：SNMP 配置
- 实训二：Syslog 配置
- 实训三：NTP 配置
- 实训三：NetFlow 配置

监控网络的运行可以为网络管理员提供信息，从而主动管理网络和识别网络使用情况。网络链路状态、延迟、误码率等信息都是网络管理员确定网络运行状况和使用情况的因素。本章将介绍网络管理和监控的一些基本方法。

7.1 SNMP

简单网络管理协议 SNMP（Simple Network Management Protocol）是互联网中的一种网络管理标准协议，广泛用于实现管理设备对被管理设备的访问和管理。

1. SNMP 的优势

（1）支持网络设备的智能化管理

利用基于 SNMP 的网络管理平台，网络管理员可以查询网络设备的运行状态和参数，设置参数值，发现故障，完成故障诊断，进行容量规划和制作报告。

（2）支持对不同物理特性的设备进行管理

SNMP 只提供最基本的功能集，使得管理任务与被管理设备的物理特性和联网技术相对独立，从而实现对不同厂商设备的管理。

2. SNMP 网络的架构

SNMP 网络架构由管理工作站、SNMP 代理和管理信息库（Management Information Base，MIB）构成。

- **管理工作站**：通常就是 PC，能够提供友好的人机交互界面，管理员能够使用用户接口从 MIB 取得信息，同时能够将命令发送到 SNMP 代理。
- **SNMP 代理**：SNMP 网络的被管理者，负责接收、处理来自工作站的 SNMO 报文。
- **管理信息库**：被管理对象的集合。

7.2 Syslog

系统日志（Syslog）协议是在一个 IP 网络中转发系统日志信息的标准。Syslog 记录着系统中的任何事件，管理者可以通过查看系统记录随时掌握系统状况。通过分析这些网络行为日志，可追踪和掌握与设备及网络有关的情况。

Cisco 设备会根据网络事件导致的结果生成系统日志消息。每个 syslog 消息中都包含一个严重级别和一个特性。很多网络设备都支持 syslog，如路由器、交换机、应用服务器、防火墙和其他网络设备等。

7.3 NTP

在大型的网络中，如果依靠管理员手工配置来修改网络中各台设备的系统时间，不但工作量巨大，而且也不能保证时间的精确性。网络时间协议（NTP，Network Time Protocol）可以用来在分布式时间服务器和客户端之间进行时间同步，使网络内所有设备的时间保持一致，并提供较高的时间同步精度。NTP 采用的传输层协议为 UDP，使用的 UDP 端口号为 123。

NTP 主要应用于需要网络中所有设备的时间保持一致的场合，比如：
- 需要以时间作为参照依据，对从不同设备采集来的日志信息、调试信息进行分析的网络管理系统；
- 对设备时间一致性有要求的计费系统；
- 多个系统协同处理同一个比较复杂的事件的场合，为保证正确的执行顺序，多个系统的时间必须保持一致。

7.4 NetFlow

Netflow 是一种 Cisco IOS 技术，用来将网络流量标记到设备的高速缓存中，从而提供非常精准的流量测量。由于数据通信的流动性，Netflow 是从 IP 网络收集 IP 数据的标准。

NetFlow 利用标准的交换模式处理数据流的第一个 IP 包数据，生成 NetFlow 缓存，随后同样的数据基于缓存信息在同一个数据流中进行传输，不再匹配相关的访问控制等策略。NetFlow 缓存同时包含了随后数据流的统计信息。Netflow 通过提供数据来实现网络和安全监控、网络规划、流量分析及 IP 计费等目的。

7.5 实训一：SNMP 配置

【实验目的】
- 熟悉 SNMP 的工作原理。
- 掌握 SNMP 的配置。
- 掌握 SNMP 软件的使用。

【实验拓扑】

实验拓扑如图 7-1 所示。

图 7-1　实验拓扑

设备参数如表 7-1 所示。

表 7-1　设备参数表

设备	接口	IP 地址	子网掩码	默认网关
R1	Fa0/0	192.168.1.1	255.255.255.0	N/A
PC1	N/A	192.168.1.100	255.255.255.0	192.168.1.1

【实验内容】

1. 配置路由器

R1(config)# **snmp-server community Read ro**
//配置团体读字符串（相当于登录密码，拥有读取路由器上 MIB 信息的权限）

R1(config)# **snmp-server community Write rw**
//配置团体读写字符串（拥有读取/写入路由器上 MIB 信息的权限）

R1(config)# **snmp-server host 192.168.1.100 traps R1**
//配置管理工作站的 IP 地址，并且以团体名为 R1 发送 trap（告警）信息

R1(config)#**snmp-server enable traps**
//开启 SNMP 的 trap 功能，端口号为 UDP 162

R1(config)#**snmp-server contact Alan.J**
//配置联系信息（可选）

R1(config)#**snmp-server location Suzhou China**
//配置位置信息（可选）

2. 在 PC 上使用 SNMP MIB 浏览软件

本实验使用 snmpb 软件，可以从网站"http://sourceforge.net"免费下载。

安装 snmpb 后，打开软件，主界面如图 7-2 所示。

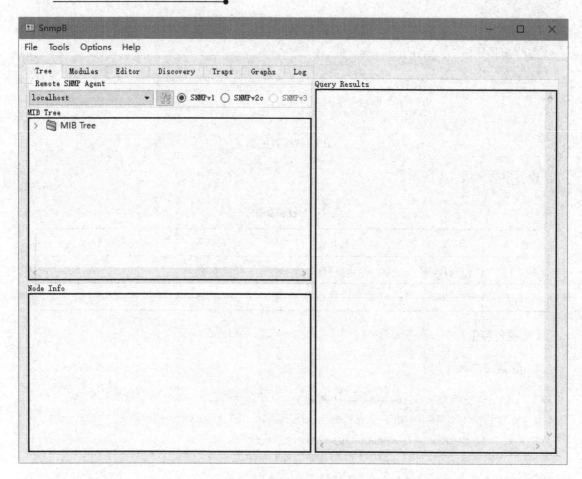

图 7-2 snmpb 软件主界面

执行菜单命令"Options"→"Manage Agent Profiles",打开如图 7-3 所示的对话框。在"Name"文本框输入名字(本地有效);在"Agent Address/Name"文本框输入路由器 R1 的 IP 地址;勾选"SNMPV1"和"SNMPV3"复选框;其他保持默认即可。单击左边的"Snmpv1/v2c",变成如图 7-4 所示对话框,在"Read community"文本框中输入"Read"(前面配置的),在"Write community"文本框中输入"Write",单击"OK"按钮。

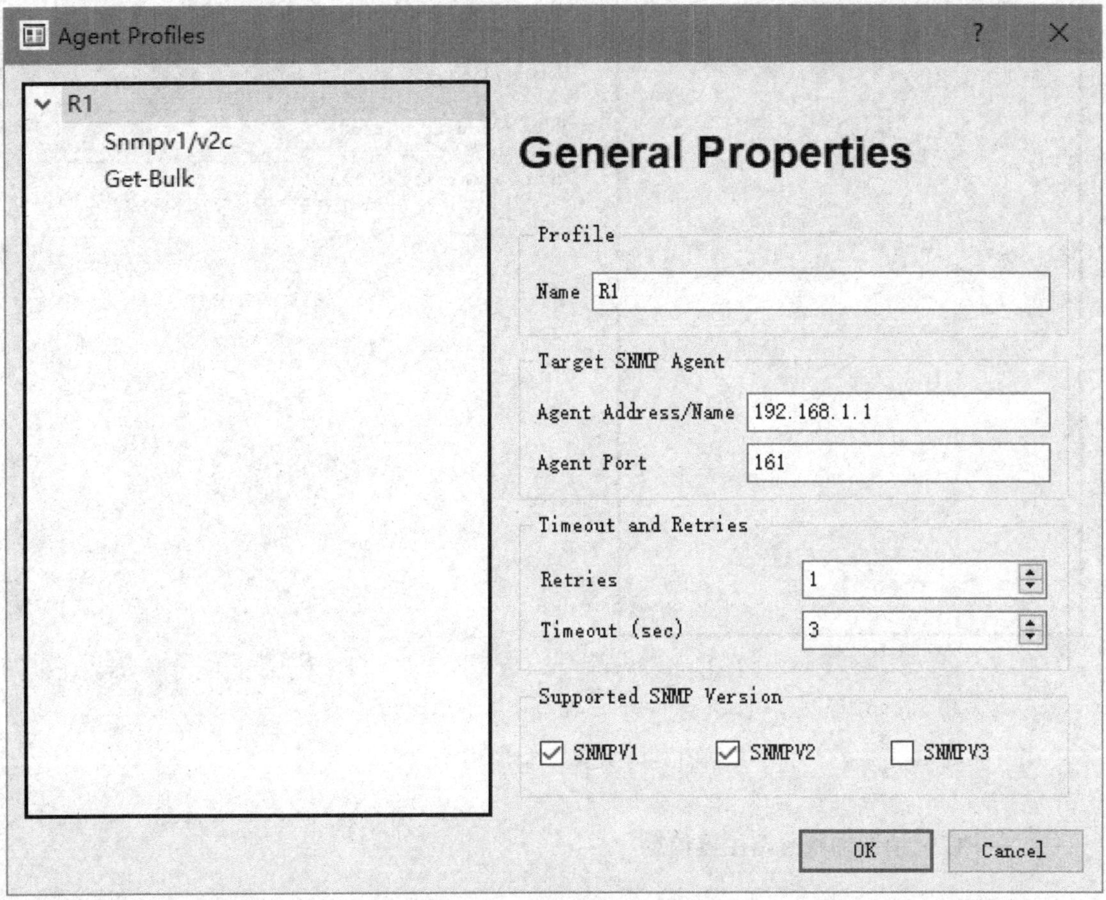

图 7-3　设置 Agent 信息

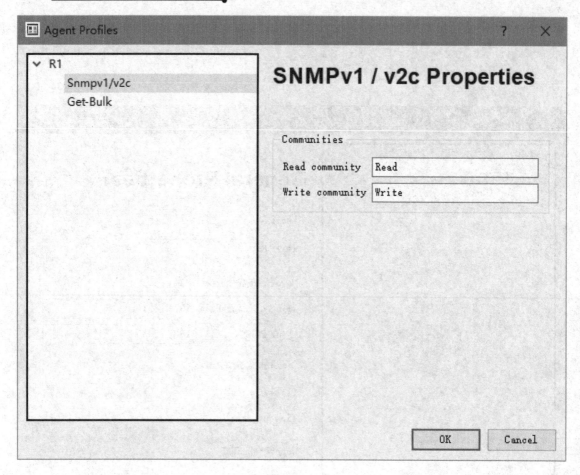

图 7-4　配置团体读写字符串

3. 在 PC 上读取和修改路由器信息

（1）读取信息。如图 7-5 所示，展开"MIB Tree"，用鼠标右键单击"system"项，在弹出的快捷菜单中选择"Walk"命令，这样 snmpb 会遍历该项下的 MIB 树查询结果，显示在右边的"Query Results"窗口中。

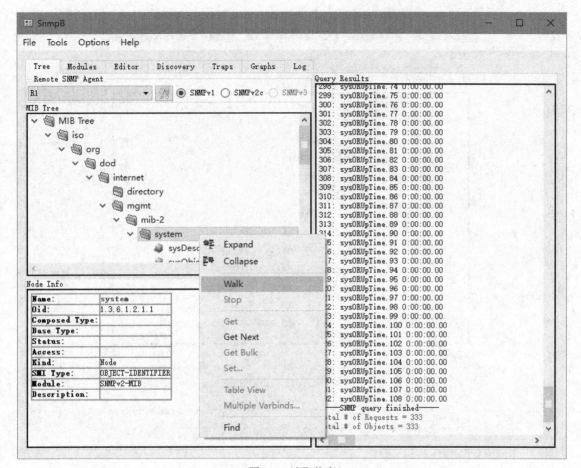

图 7-5　读取信息

（2）修改信息。在图 7-5 中，选择"system"下的"sysName"，单击鼠标右键，从弹出的快捷菜单中选择"Set"命令，打开如图 7-6 所示的对话框。在"Value"文本框输入"CiscoRouter"，单击"OK"按钮，就将路由器的主机名修改为"CiscoRouter"了。同时，路由器回显一条信息，如图 7-7 所示。

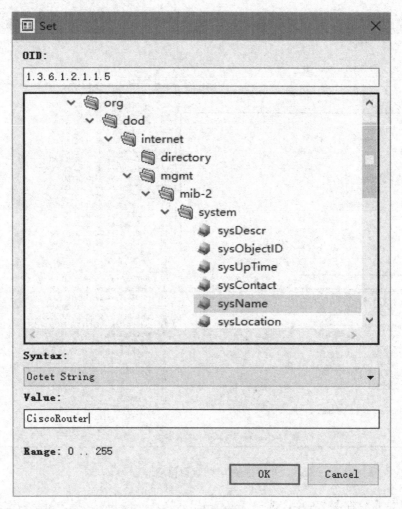

图 7-6 修改信息

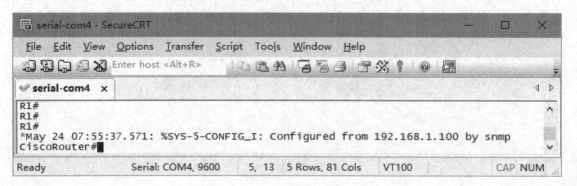

图 7-7 路由器回显信息

4. 实现 SNMP trap 功能

在路由器上指向如下命令，目的是让路由器向 PC 发送 trap 信息。

```
CiscoRouter(config)#interface loopback 0
CiscoRouter(config)#no interface loopback 0
CiscoRouter(config)#interface loopback 1
CiscoRouter(config-if)#shutdown
CiscoRouter(config-if)#no shutdown
```

单击图 7-2 中的"Traps"标签页，会看到路由器发送到 PC 的 Trap 信息，如图 7-8 所示。

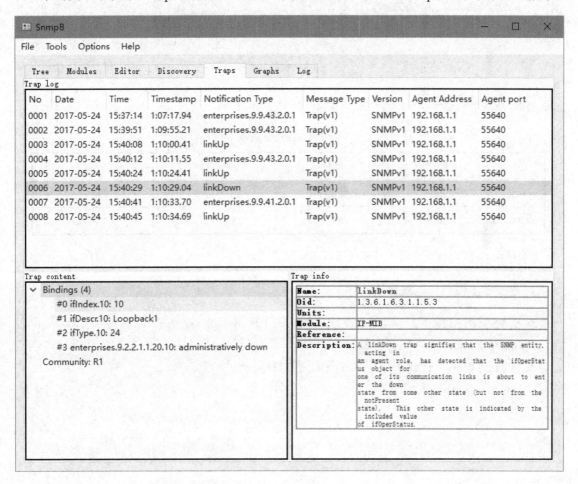

图 7-8　Trap 信息

7.6 实训二：Syslog 配置

【实验目的】
- 熟悉日志服务器软件的使用。
- 掌握发送日志到 TFTP 服务器的配置。

【实验拓扑】

实验拓扑如图 7-9 所示。

图 7-9 实验拓扑

设备参数如表 7-2 所示。

表 7-2 设备参数表

设 备	接 口	IP 地址	子网掩码	默认网关
R1	Fa0/0	192.168.1.1	255.255.255.0	N/A
PC1	N/A	192.168.1.100	255.255.255.0	192.168.1.1

【实验内容】

1. 在 PC 上使用日志服务器软件

本实验使用 Tftpd32 软件，该软件可以提供 Syslog 服务器等功能，可以从网站"http://tftpd32.jounin.net/"免费下载。

安装 Tftpd32 后，打开软件，主界面如图 7-10 所示。

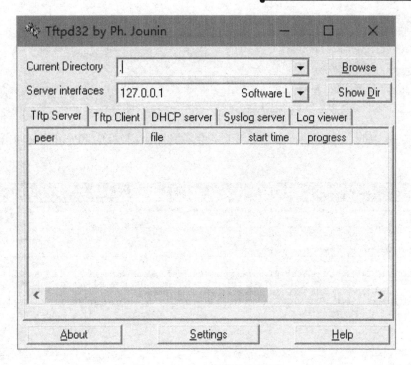

图 7-10　Tftpd32 软件主界面

2. 路由器上配置 Syslog

R1(config)#**logging on**
//开启日志功能（默认开启）

R1(config)#**logging console debugging**
//开启控制台显示日志功能（默认开启）

R1(config)#**logging buffered debugging**
//把日志存储在内存中，用"**show logging**"命令可以查看日志信息

R1(config)#**logging host 192.168.1.100**
//配置日志发送到 Syslog 服务器的地址

R1(config)#**logging origin-id ip**
//配置日志发送时使用 IP 地址作为 ID（默认用主机名）

R1(config)#**service timestamps log**
//日志中加上发生时间的时间戳

R1(config)#**service timestamps log datetime**
//日志发生时间采用绝对时间

R1(config)#**service sequence-numbers**

```
//日志中加入序号
R1(config)#interface loopback 0
R1(config-if)#shutdown
R1(config-if)#no shutdown
//以上 3 条配置是为了触发日志产生
```

单击图 7-10 中的 "Syslog server" 标签页，会看到路由器发送到 PC 的日志信息，如图 7-11 所示。

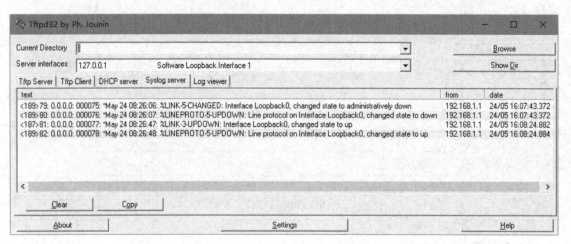

图 7-11 Syslog 服务器显示的日志信息

7.7 实训三：NTP 配置

【实验目的】
- 熟悉 NTP 协议的概念。
- 掌握 NTP 服务器的配置。
- 掌握 NTP 客户端的配置。

【实验拓扑】

实验拓扑如图 7-12 所示。

图 7-12 实验拓扑

设备参数如表 7-3 所示。

表 7-3 设备参数表

设备	接口	IP 地址	子网掩码	默认网关
R1	Fa0/0	192.168.12.1	255.255.255.0	N/A
R2	Fa0/0	192.168.12.2	255.255.255.0	N/A

【实验内容】

1. 配置 NTP 服务器

> R1(config)#**interface Serial0/3/0**
> R1(config-if)#**ip address 192.168.12.1 255.255.255.0**
> R1(config-if)#**no shutdown**
> R1#**clock set 8:49:00 25 May 2017**
> //配置设备当前时间（在特权模式下配置）
> R1(config)#**clock timezone Beijing +8**
> //配置时区
> R1(config)#**ntp master 8**
> //配置当前设备成为 NTP 服务器（注意命令为 "master"）, "8" 为优先级

2. 配置 NTP 客户端

配置客户端前先查看设备当前时间信息：

> R2#**show clock**
> *01:10:42.079 UTC Thu May 25 2017
> //默认时区为 UTC

继续进行 NTP 客户端相关配置：

> R2(config)#**interface Serial0/3/0**
> R2(config-if)#**ip address 192.168.12.2 255.255.255.0**
> R2(config-if)#**no shutdown**
> R2(config)#**clock timezone Beijing +8**
> //客户端也需要配置时区，否则为默认时区
> R2(config)#**ntp server 192.168.12.1**
> //配置要获取时间配置的 NTP 服务器地址

再次查看客户端设备当前时间信息:

> R2#show clock
> ***09:11:38.095 Beijing** Thu May 25 2017
> //同步后时间信息与 R1 相同

7.8 实训三: NetFlow 配置

【实验目的】
- 熟悉 NetFlow 的概念。
- 掌握 NetFlow 的配置。
- 掌握 NetFlow 软件的使用。

【实验拓扑】

实验拓扑如图 7-13 所示。

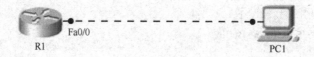

图 7-13 实验拓扑

设备参数如表 7-4 所示。

表 7-4 设备参数表

设备	接口	IP 地址	子网掩码	默认网关
R1	Fa0/0	192.168.1.1	255.255.255.0	N/A
PC1	N/A	192.168.1.100	255.255.255.0	192.168.1.1

【实验内容】

1. 配置路由器

> R1(config)#**interface FastEthernet0/0**
> R1(config-if)#**ip address 192.168.1.1 255.255.255.0**
> R1(config)#**ip flow-export destination 192.168.1.100 9996**
> //配置发送 NetFlow 数据流的目的 IP 地址和端口号,下一步中使用软件的默认检测端口 9996
> R1(config)#**ip flow-export version 5**

//配置 NetFlow 导出格式为第 5 版，可选 1、5、9
R1(config)#**interface FastEthernet0/0**
//进入要捕获 NetFlow 数据流的监控端口
R1(config-if)#**ip flow egress**
//配置监控端口捕获传入数据包
R1(config-if)#**ip flow ingress**
//配置监控端口捕获传出数据包

2. 在 PC 上使用 NetFlow 服务器软件

本实验使用 NetFlow Analyzer 软件，可以从网站"http://www.manageengine.com/"免费下载试用。

安装 NetFlow Analyzer 后，在开始菜单打开"OpManager Web Client"，会从系统默认浏览器中打开登录界面，如图 7-14 所示。

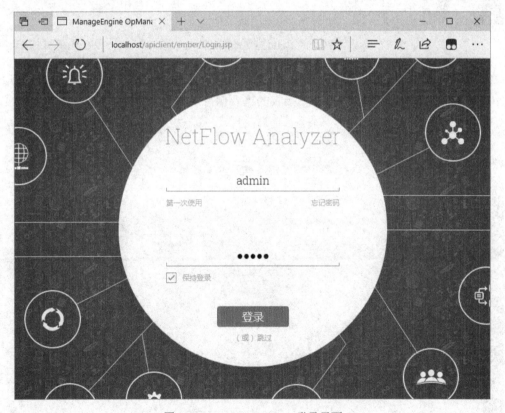

图 7-14　NetFlow Analyze 登录界面

单击"登录"按钮进入后台管理界面，如图 7-15 所示。

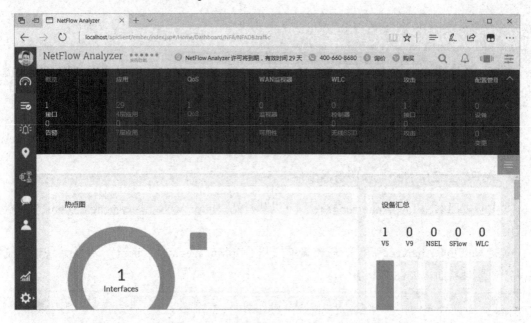

图 7-15 NetFlow Analyze 管理界面

在图 7-15 中，单击左侧工具栏中"资源清单"图标，再单击右侧窗口中"接口"项，选择"IfIndex1"可查看从路由器 R1 接口接收的摘要信息，如图 7-16 所示。

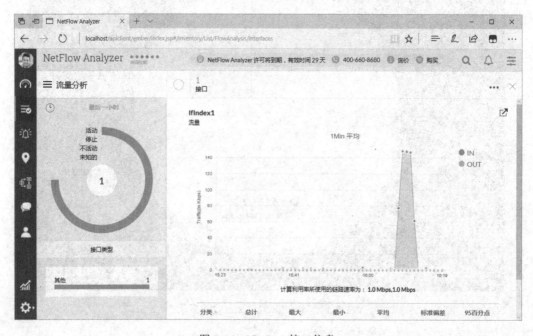

图 7-16 IfIndex1 接口信息

在图 7-16 中,单击右上角"Full View"按钮,下滑滚动栏可以查看接口"IfIndex1"的详细统计信息。如图 7-17 所示。

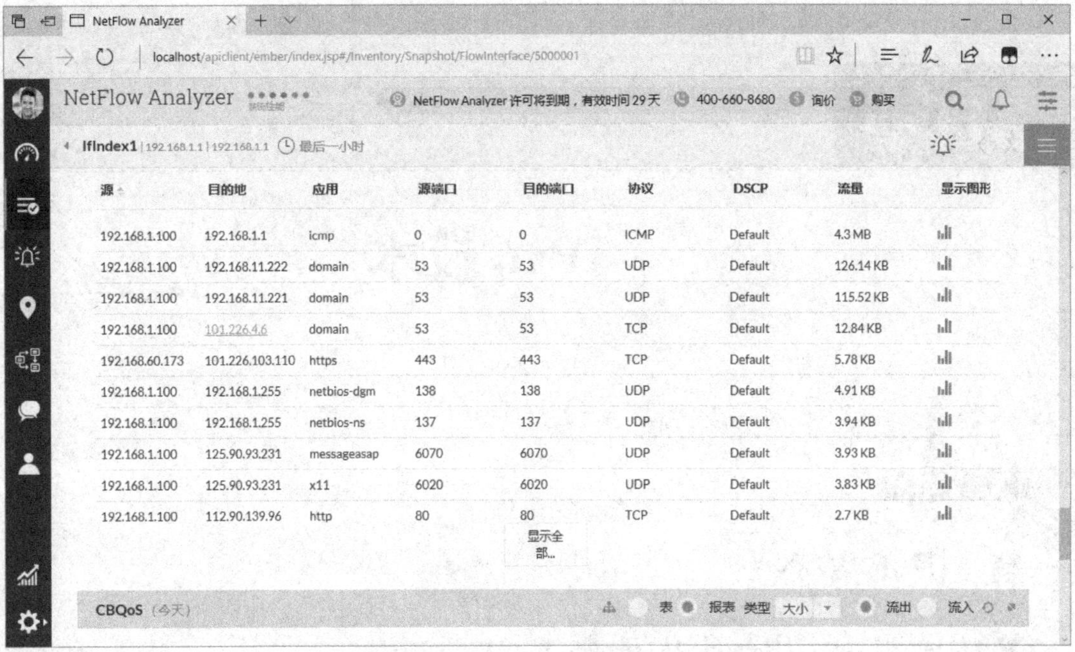

图 7-17 IfIndex1 详细信息

第8章

IPv6 技术

本章要点

- IPv6 简介
- 实训一：IPv6 地址配置
- 实训二：IPv6 过渡技术配置

IPv6（Internet Protocol version 6）是下一代 Internet 的关键协议，是网络层协议的第二代标准协议，也被称为 IPng（IP Next Generation，下一代互联网协议），它是 IETF（Internet Engineering Task Force，互联网工程任务组）设计的一套规范，是 IPv4 的升级版本。IPv6 和 IPv4 之间最显著的区别是 IP 地址的长度从 32bit 增加到 128bit。

8.1 IPv6 简介

由于 IPv4 最大的问题在于网络地址资源有限，严重制约了互联网的应用和发展。IPv6 的使用，不仅能解决网络地址资源数量的问题，而且也扫除了多种设备接入互联网的障碍。IPv6 的地址长度为 128bit，是 IPv4 地址长度的 4 倍，IPv4 的点分十进制格式不再适用，采用十六进制表示。

在 IPv6 的表示方法中，每个 16bit 的值用十六进制值表示，各值之间用冒号分隔。例如，68E6:8C64:FFFF:FFFF:0:1180:960A:FFFF。

IPv6 地址可以使用零压缩（zero compression），即一连串连续的零可以用一对冒号取代。FF05:0:0:0:0:0:0:B3 可以写成：FF05::B3。一个 IPv6 地址中，零压缩只能使用一次。

8.1.1 IPv6 特点

① 简化报文头格式。通过将 IPv4 报文头中的某些字段裁减或移入扩展报文头，减小了 IPv6 基本报文头的长度。

② 充足的地址空间。IPv6 的源地址与目的地址长度都是 128bit（16 字节）。它可以提供超过 $3.4×10^{38}$ 种可能的地址空间，完全可以满足多层次的地址划分需要，以及公有网络和机构内部私有网络的地址分配。

③ 层次化地址结构。IPv6 的地址空间采用了层次化的地址结构，有利于路由快速查找，同时可以借助路由聚合，有效减少 IPv6 路由表占用的系统资源。

④ 地址自动配置。IPv6 支持有状态地址配置和无状态地址配置。有状态地址配置是指从服务器（如 DHCPv6 服务器）获取 IPv6 地址及相关信息；无状态地址配置是指主机根据自己的链路层地址及路由器发布的前缀信息自动配置 IPv6 地址及相关信息。

⑤ 内置安全性。IPv6 将 IPsec 作为它的标准扩展头，可以提供端到端的安全特性。

⑥ 支持 QoS。IPv6 报文头的流标签（Flow Label）字段实现流量的标志，允许设备对某一流中的报文进行识别并提供特殊处理。

⑦ 增强的邻居发现机制。IPv6 的邻居发现协议是通过一组 ICMPv6（Internet Control Message Protocol for IPv6）消息实现的，管理着邻居节点间（同一链路上的节点）信息的交互。

它代替了 ARP、ICMP 路由器发现和 ICMP 重定向消息，并提供了一系列其他功能。

8.1.2 IPv6 消息格式

IPv6 将首部长度变为固定的 40 字节，称为基本首部（base header）。将不必要的功能取消了，首部的字段数减少到只有 8 个。取消了首部的检验和字段，加快了路由器处理数据报的速度。在基本首部的后面允许有零个或多个扩展首部。所有的扩展首部和数据合起来叫作数据报的有效载荷（payload）或净负荷。图 8-1 所示为 IPv6 首部格式。

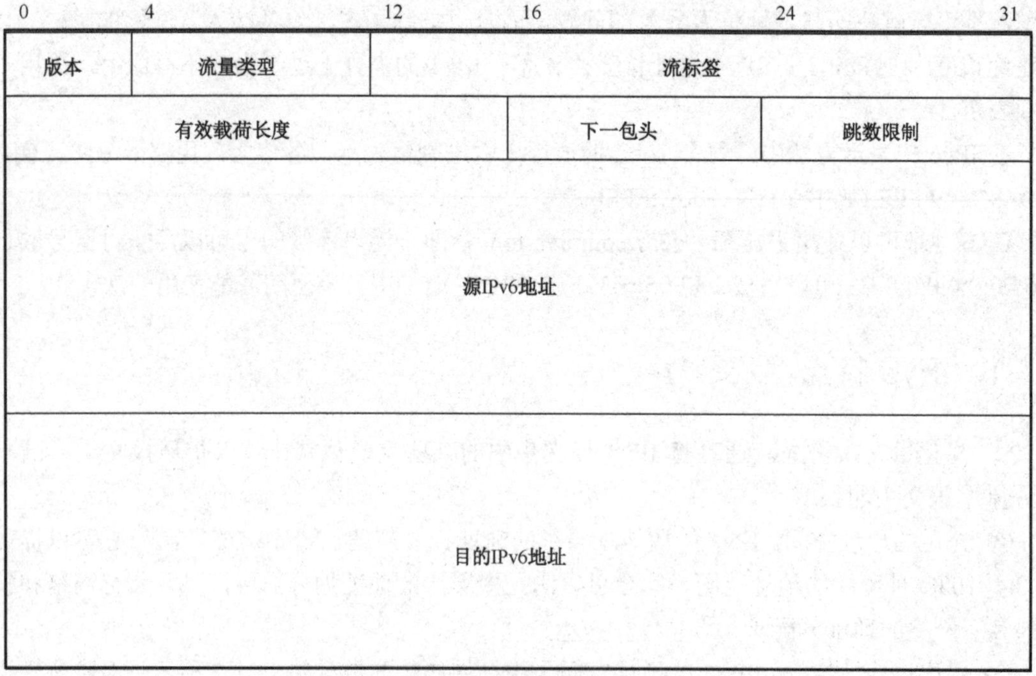

0	4	12	16	24	31
版本	流量类型		流标签		
有效载荷长度			下一包头	跳数限制	
源IPv6地址					
目的IPv6地址					

图 8-1　IPv6 首部格式

- 版本：占 4 bit，对于 IPv6，该字段的值为 6。
- 流量类型：占 8 bit，该字段以 DSCP 标记 IPv6 数据包，提供 QoS 服务。
- 流标签：占 20 bit，用来标记 IPv6 数据的一个流，让路由器或交换机基于流而不是数据包来处理数据。
- 有效载荷长度：占 16 bit，用来表示有效载荷的长度，即 IPv6 数据包的数据部分。
- 下一包头：占 8 bit，该字段定义紧跟 IPv6 基本包头的信息类型。
- 跳数限制：占 8 bit，用来定义 IPv6 数据包过经过的最大跳数。

- **源 IPv6 地址、目的 IPv6 地址**：各占 128 bit，用来标志 IPv6 数据包发送方和接收方的 IPv6 地址。

8.1.3 IPv6 地址类型

IPv6 协议主要定义了 3 种地址类型：单播地址（Unicast Address）、组播地址（Multicast Address）和任播地址（Anycast Address）。与原来在 IPv4 地址相比，新增了"任播地址"类型，取消了原来 IPv4 地址中的广播地址，因为在 IPv6 中的广播功能是通过组播来完成的。

- **单播地址**：用来唯一标志一个接口，类似于 IPv4 中的单播地址。发送到单播地址的数据报文将被传送给此地址所标志的一个接口。
- **组播地址**：用来标志一组接口，类似于 IPv4 中的组播地址。发送到组播地址的数据报文被传送给此地址所标志的所有接口。
- **任播地址**：用来标志一组接口。发送到任播地址的数据报文被传送给此地址所标志的一组接口中距离源节点最近的一个接口。

在 IPv6 地址类型中，每一个类别都有多种类型的地址，如单播有链路本地地址、站点本地地址、全局单播地址、回环地址等；组播有指定地址、请求节点地址；任播有链路本地地址、站点本地地址和可聚合全球地址等。

- **全局单播地址**：相当于 IPv4 的公网地址，可以在 IPv6 网络上进行全局路由和访问。
- **链路本地地址**：单个链路上接口自动配置的地址，该地址仅供特定物理网段上的本地通信使用，链路本地地址以"FE80"开头。
- **站点本地地址**：相当于 IPv4 的私有地址，仅在本地局域网使用，站点本地地址可以与全局单播地址配合使用，但使用站点本地地址作为 IPv6 数据包路由时不会被转发到本站。
- **未指定地址**：0:0:0:0:0:0:0:0 或::，仅用于表示某个地址不存在。
- **回环地址**：0:0:0:0:0:0:0:1 或::1，用于标志回环接口。
- **兼容地址**：在 IPv6 的转换机制中还包括了一种通过 IPv4 路由接口以隧道方式动态传递 IPv6 包的技术。这样的 IPv6 节点会被分配一个在低 32 位中带有全球 IPv4 单播地址的 IPv6 全局单播地址。

8.1.4 IPv6 过渡技术

在 IPv6 成为主流协议之前，首先使用 IPv6 协议栈的网络希望能与当前仍被 IPv4 支撑着的互联网进行正常通信，因此必须开发出 IPv4 和 IPv6 互通技术，以保证 IPv4 能够平稳过渡到

IPv6。目前已经出现了多种过渡技术，这些技术各有特点，用于解决不同过渡时期、不同环境的通信问题。目前解决过渡问题的基本技术主要有 3 种：双协议栈、隧道技术、NAT-PT 等。

1. 双协议栈

双协议栈是一种最简单直接的过渡机制。同时支持 IPv4 协议和 IPv6 协议的网络节点称为双协议栈节点。当双协议栈节点配置 IPv4 地址和 IPv6 地址后，就可以在相应接口上转发 IPv4 和 IPv6 报文。当一个上层应用同时支持 IPv4 和 IPv6 协议时，根据协议要求可以选用 TCP 或 UDP 作为传输层的协议，但在选择网络层协议时，它会优先选择 IPv6 协议栈。双协议栈技术适合 IPv4 网络节点之间或 IPv6 网络节点之间通信，是所有过渡技术的基础。但是，这种技术要求运行双协议栈的节点有一个全球唯一的地址，实际上没有解决 IPv4 地址资源匮乏的问题。

2. 隧道技术

在 IPv6 网络成型之前，IPv4 网络还是网络的主导，这样势必形成一些 IPv6 孤岛，而 IPv6 孤岛之间的通信，可以采用隧道技术来完成互通。当 IPv6 数据包在 IPv4 隧道传输时，IPv6 原始数据包头和有效载荷不变。在 IPv6 数据包前头加上一个 IPv4 的包头，把 IPv6 数据包作为 IPv4 的有效载荷。在隧道边缘点（支持双栈）进行封装和拆封。

3. NAT-PT

NAT-PT（Network Address Translation-Protocol Translation）作用于 IPv4 和 IPv6 网络边缘的设备上，用于实现 IPv6 与 IPv4 报文的转换。NAT-PT 在 IPv4 和 IPv6 网络之间转换 IP 报头的地址，同时根据协议不同对报文做相应的语义翻译，使纯 IPv4 节点和纯 IPv6 节点之间能够透明通信。这种技术适用于仅运行 IPv6 的节点和仅运行 IPv4 的节点之间的通信，具有一定的局限性。

8.2 实训一：IPv6 地址配置

【实验目的】
- 启动 IPv6 功能。
- 配置 IPv6 地址。
- 验证配置。

【实验拓扑】
实验拓扑如图 8-2 所示。

第 8 章 IPv6 技术 <<< 149

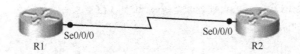

图 8-2 实验拓扑

设备参数如表 8-1 所示。

表 8-1 设备参数表

设备	接口	IPv6 地址	子网掩码位数	默认网关
R1	S0/0/0	2000:f106:f208:12::1	64	N/A
R2	S0/0/0	2000:f106:f208:12::2	64	N/A

【实验内容】

1. 基本配置

R1(config)#**interface Serial0/3/0**
R1(config-if)#**ipv6 enable**
//开启接口的 IPv6 协议（配置 IPv6 地址后自动开启）
R1(config-if)#**ipv6 address 2000:f106:f208:12::1/64**
//配置 IPv6 地址
R1(config-if)#**no shutdown**
R2(config)#**interface Serial0/3/0**
R2(config-if)#**ipv6 enable**
R2(config-if)#**ipv6 address 2000:f106:f208:12::2/64**
R2(config-if)#**no shutdown**

2. 验证配置

（1）查看接口 IPv6 信息

R1#**show ipv6 interface Serial0/3/0**
Serial0/3/0 is **up**, line **protocol is up**
　IPv6 is enabled, link-local address is FE80::2237:6FF:FEC5:C4E4
　//IPv6 协议已经启动
　No Virtual link-local address(es):
　Global unicast address(es):

2000:F106:F208:12::1, subnet is 2000:F106:F208:12::/64
//之前配置的 IPv6 地址
(------省略部分输出------)

（2）Ping 测试

R1#**ping 2000:F106:F208:12::2**
Type escape sequence to abort.
Sending 5, 100-byte ICMP Echos to 2000:F106:F208:12::2, timeout is 2 seconds:
!!!!!
Success rate is 100 percent (5/5), round-trip min/avg/max = 12/15/16 ms
R2#**ping 2000:F106:F208:12::1**
Type escape sequence to abort.
Sending 5, 100-byte ICMP Echos to 2000:F106:F208:12::1, timeout is 2 seconds:
!!!!!
Success rate is 100 percent (5/5), round-trip min/avg/max = 12/14/16 ms

8.3 实训二：IPv6 过渡技术配置

8.3.1 手工隧道配置

【实验目的】
- 熟悉 IPv6 手工隧道的概念。
- 掌握 IPv6 和 IPv4 共存的实现方法。
- 掌握 IPv6 手工隧道的配置。
- 验证配置。

【实验拓扑】

实验拓扑如图 8-3 所示。

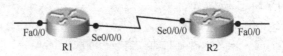

图 8-3　实验拓扑

设备参数如表 8-2 所示。

表 8-2 设备参数表

设备	接口	IP 地址	子网掩码位数	默认网关
R1	S0/0/0	192.168.12.1	24	N/A
R1	Fa0/0	2000:f106:f208:1::1	64	N/A
R2	S0/0/0	192.168.12.2	24	N/A
R2	Fa0/0	2000:f106:f208:2::1	64	N/A

【实验内容】

1. 基本配置

（1）R1 的基本配置

```
R1(config)#interface Serial0/3/0
R1(config-if)#ip address 192.168.12.1 255.255.255.0
R1(config-if)#no shutdown
R1(config)#interface FastEthernet0/0
R1(config-if)#ipv6 address 2000:f106:f208:1::1/64
//配置业务网段 IPv6 地址
R1(config-if)#no shutdown
R1(config)#interface Tunnel0
//创建隧道，编号为 0
R1(config-if)#tunnel mode ipv6ip
//配置隧道模式为手工隧道
R1(config-if)#ipv6 enable
R1(config-if)#tunnel source Serial0/3/0
//指定隧道源接口，也可指定该接口 IP 地址
R1(config-if)#tunnel destination 192.168.12.2
//指定隧道目的地址
R1(config)#ipv6 route 2000:F106:F208:2::/64 Tunnel0
//配置通过隧道转发的 IPv6 路由
```

（2）R2 的基本配置

```
R2(config)#interface Serial0/3/0
```

R2(config-if)#**ip address 192.168.12.2 255.255.255.0**

R2(config-if)#**no shutdown**

R2(config)#**interface FastEthernet0/0**

R2(config-if)#**ipv6 address 2000:f106:f208:2::1/64**

R2(config-if)#**no shutdown**

R2(config)#**interface Tunnel0**

R2(config-if)#**tunnel mode ipv6ip**

R2(config-if)#**ipv6 enable**

R2(config-if)#**tunnel source Serial0/3/0**

R2(config-if)#**tunnel destination 192.168.12.1**

R2(config)#**ipv6 route 2000:F106:F208:1::/64 Tunnel0**

2. 实验调试

（1）查看隧道信息

R1#**show interfaces Tunnel0**
Tunnel0 **is up**, line **protocol is up**
　Hardware is Tunnel
　MTU 17920 bytes, BW 100 Kbit/sec, DLY 50000 usec,
　　reliability 255/255, txload 1/255, rxload 1/255
　Encapsulation TUNNEL, loopback not set
　Keepalive not set
　Tunnel source **192.168.12.1 (Serial0/3/0)**, destination **192.168.12.2**
　Tunnel protocol/transport **IPv6/IP**
　//隧道模式为"ipvip"
　Tunnel TTL 255
　Tunnel transport MTU 1480 bytes
　Tunnel transmit bandwidth 8000 (kbps)
　Tunnel receive bandwidth 8000 (kbps)
　Last input 00:07:11, output 00:07:11, output hang never
　Last clearing of "show interface" counters never
　Input queue: 0/75/0/0 (size/max/drops/flushes); Total output drops: 0
　Queueing strategy: fifo
　Output queue: 0/0 (size/max)
　5 minute input rate 0 bits/sec, 0 packets/sec
　5 minute output rate 0 bits/sec, 0 packets/sec

```
            9 packets input, 1356 bytes, 0 no buffer
            Received 0 broadcasts, 0 runts, 0 giants, 0 throttles
            0 input errors, 0 CRC, 0 frame, 0 overrun, 0 ignored, 0 abort
            9 packets output, 960 bytes, 0 underruns
            0 output errors, 0 collisions, 0 interface resets
            0 unknown protocol drops
            0 output buffer failures, 0 output buffers swapped out
        //以上 9 行输出显示该隧道的流量收发情况
```

（2）调试隧道信息

```
        R1#debug tunnel
        *May 22 02:50:10.559: Tunnel0: IPv6/IP encapsulated 192.168.12.1->192.168.12.2 (linktype=79, len=84)
        //对出站数据流进行封装
        *May 22 02:50:10.559: Tunnel0 count tx, adding 20 encap bytes
        //数据包增加了 20 字节
        *May 22 02:50:11.319: Tunnel0: IPv6/IP to classify 192.168.12.2->192.168.12.1 (tbl=0,"IPv4:Default" len=96 ttl=254 tos=0xE0) ok, oce_rc=0x0
        *May 22 02:50:11.319: Tunnel0: IPv6/IP (PS) to decaps 192.168.12.2->192.168.12.1 (tbl=0, "default", len=96,ttl=254)
        //对入站数据流进行解封装
        *May 22 02:50:11.319: Tunnel0: decapsulated IPv6/IP packet
```

（3）Ping 测试

```
        R1#ping ipv6 2000:F106:F208:2::1
        Type escape sequence to abort.
        Sending 5, 100-byte ICMP Echos to 2000:F106:F208:2::1, timeout is 2 seconds:
        !!!!!
        Success rate is 100 percent (5/5), round-trip min/avg/max = 16/18/20 ms

        R2#ping ipv6 2000:F106:F208:1::1
        Type escape sequence to abort.
        Sending 5, 100-byte ICMP Echos to 2000:F106:F208:1::1, timeout is 2 seconds:
        !!!!!
        Success rate is 100 percent (5/5), round-trip min/avg/max = 16/17/20 ms
```

8.3.2 6to4 隧道配置

【实验目的】
- 熟悉 IPv6 6to4 隧道的概念。
- 掌握 IPv6 和 IPv4 共存的实现方法。
- 掌握 IPv6 6to4 地址编址规则。
- 掌握 IPv6 6to4 隧道的配置。
- 验证配置。

【实验拓扑】
实验拓扑如图 8-4 所示。

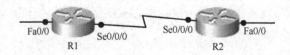

图 8-4 实验拓扑

设备参数如表 8-3 所示。

表 8-3 设备参数表

设备	接口	IP 地址	子网掩码位数	默认网关
R1	S0/0/0	192.168.12.1	24	N/A
	Fa0/0	2000:f106:f208:1::1	64	N/A
R2	S0/0/0	192.168.12.2	24	N/A
	Fa0/0	2000:f106:f208:2::1	64	N/A

【实验内容】

1. 隧道配置

本实验只给出隧道接口和路由部分的配置，其余配置与实验 8.3.1 相同。

（1）R1 的基本配置

```
R1(config)#interface Tunnel0
R1(config-if)# tunnel mode ipv6ip 6to4
//配置隧道模式为 6to4 隧道
R1(config-if)# ipv6 address 2002:C0A8:C01::1/64
```

//隧道的 IPv6 地址由 2002 和转换成十六进制的 IPv4 地址构成

R1(config-if)#**tunnel source Serial0/3/0**

//只需要配置隧道源，不需要配置隧道目的地址

R1(config)#**ipv6 route 2000:F106:F208:2::/64 2002:C0A8:C02::1**

//静态路由指向 R2 隧道接口的 IPv6 地址，该地址内嵌建立隧道的目的 IPv4 地址

R1(config)#**ipv6 route 2002::/16 Tunnel0**

//去往 2002 开头的地址，都被送到隧道 0

（2）R2 的基本配置

R2(config)#**interface Tunnel0**

R2(config-if)#**tunnel mode ipv6ip 6to4**

R2(config-if)#**ipv6 address 2002:C0A8:C02::2/64**

R2(config-if)#**tunnel source Serial0/3/0**

R2(config)#**ipv6 route 2000:F106:F208:1::/64 2002:C0A8:C01::1**

R2(config)#**ipv6 route 2002::/16 Tunnel0**

2. 实验调试

（1）查看隧道信息

R1#**show interfaces Tunnel0**

Tunnel0 is up, line protocol is up

  Hardware is Tunnel

  MTU 17920 bytes, BW 100 Kbit/sec, DLY 50000 usec,

    reliability 255/255, txload 1/255, rxload 1/255

  Encapsulation TUNNEL, loopback not set

  Keepalive not set

  Tunnel source 192.168.12.1 (Serial0/3/0)

  Tunnel protocol/transport **IPv6 6to4**

  //隧道工作模式为 IPv6 6to4

    (------省略部分输出------)

（2）Ping 测试

R1#**ping ipv6 2000:F106:F208:2::1**

Type escape sequence to abort.

Sending 5, 100-byte ICMP Echos to 2000:F106:F208:2::1, timeout is 2 seconds:

!!!!!

Success rate is 100 percent (5/5), round-trip min/avg/max = 16/18/20 ms

R2#ping ipv6 2000:F106:F208:1::1
Type escape sequence to abort.
Sending 5, 100-byte ICMP Echos to 2000:F106:F208:1::1, timeout is 2 seconds:
!!!!!
Success rate is 100 percent (5/5), round-trip min/avg/max = 16/18/24 ms

8.3.3 ISATAP 隧道配置

【实验目的】
- 熟悉 IPv6 ISATAP 隧道的概念。
- 掌握 IPv6 和 IPv4 共存的实现方法。
- 掌握 IPv6 ISATAP 地址编址规则。
- 掌握 IPv6 ISATAP 隧道的配置。
- 验证配置。

【实验拓扑】
实验拓扑如图 8-5 所示。

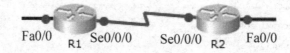

图 8-5 实验拓扑

设备参数如表 8-4 所示。

表 8-4 设备参数表

设 备	接 口	IP 地址	子网掩码位数	默认网关
R1	S0/0/0	192.168.12.1	24	N/A
	Fa0/0	2000:f106:f208:1::1	64	N/A
	Tunnel0	2000:f106:f208:12::	64(eui-64)	N/A
R2	S0/0/0	192.168.12.2	24	N/A
	Fa0/0	2000:f106:f208:2::1	64	N/A
	Tunnel0	2000:f106:f208:12::	64(eui-64)	N/A

【实验内容】

1. 隧道配置

本实验只给出隧道接口和路由部分的配置，其余配置与实验 8.3.1 相同。

（1）R1 的基本配置

> R1(config)#**interface Tunnel0**
> R1(config-if)#**tunnel mode ipv6ip isatap**
> //配置隧道模式为 ISATAP 隧道
> R1(config-if)#**ipv6 address 2000:f106:f208:12::/64 eui-64**
> //用 IPv6 eui-64 配置 IPv6 地址前缀，配合"ISATAP"隧道，生成完整的 IPv6 地址
> R1(config-if)#**tunnel source Serial0/3/0**
> //只需要配置隧道源，不需要配置隧道目的地址
> R1(config)#**ipv6 route 2000:F106:F208:2::/64 Tunnel0 2000:F106:F208:12:0:5EFE:C0A8:C02**
> //静态路由指向 R2 隧道接口的 IPv6 地址，该地址内嵌建立隧道的目的 IPv4 地址

（2）R2 的基本配置

> R2(config)#**interface Tunnel0**
> R2(config-if)#**tunnel mode ipv6ip isatap**
> R2(config-if)# **ipv6 address 2000:f106:f208:12::/64 eui-64**
> R2(config-if)#**tunnel source Serial0/3/0**
> R2(config)#**ipv6 route 2000:F106:F208:1::/64 Tunnel0 2000:F106:F208:12:0:5EFE:C0A8:C01**

2. 实验调试

（1）查看隧道信息

> R1#**show interfaces Tunnel0**
> Tunnel0 is up, line protocol is up
> R1#show interfaces Tunnel0
> Tunnel0 is up, line protocol is up
>   Hardware is Tunnel
>   MTU 17920 bytes, BW 100 Kbit/sec, DLY 50000 usec,
>   reliability 255/255, txload 1/255, rxload 1/255
>   Encapsulation TUNNEL, loopback not set
>   Keepalive not set
>   Tunnel source 192.168.12.1 (Serial0/3/0)

Tunnel protocol/transport **IPv6 ISATAP**

//隧道工作模式为 IPv6 ISATAP

(------省略部分输出------)

（2）显示隧道接口信息

R1#**show ipv6 interface Tunnel0**

Tunnel0 is up, line protocol is up

   IPv6 is enabled, link-local address is FE80::5EFE:C0A8:C01

   No Virtual link-local address(es):

   Global unicast address(es):

2000:F106:F208:12:0:5EFE:C0A8:C01, subnet is 2000:F106:F208:12::/64 [EUI]

//路由器使用配置的 IPv6 前缀加上 ISATAP 的 OUI（0000:5EFE），以及十六进制的隧道源 IPv4 地址构成 IPv6 地址

(------省略部分输出------)

（3）Ping 测试

R1#**ping ipv6 2000:F106:F208:2::1**

Type escape sequence to abort.

Sending 5, 100-byte ICMP Echos to 2000:F106:F208:2::1, timeout is 2 seconds:

!!!!!

Success rate is 100 percent (5/5), round-trip min/avg/max = 16/18/20 ms

R2#**ping ipv6 2000:F106:F208:1::1**

Type escape sequence to abort.

Sending 5, 100-byte ICMP Echos to 2000:F106:F208:1::1, timeout is 2 seconds:

!!!!!

Success rate is 100 percent (5/5), round-trip min/avg/max = 16/18/20 ms

8.3.4　IPv6NAT-PT 配置

【实验目的】

- 熟悉 IPv6 NAT-PT 的概念。
- 掌握静态 NAT-PT 的配置。
- 掌握动态 NAT-PT 的配置。
- 验证配置。

【实验拓扑】

实验拓扑如图 8-6 所示。

图 8-6 实验拓扑

设备参数如表 8-5 所示。

表 8-5 设备参数表

设备	接口	IP 地址	子网掩码位数	默认网关
R1	S0/0/0	192.168.12.1	24	N/A
R2	S0/0/0	192.168.12.2	24	N/A
	S0/0/1	2000:f106:f208:23::2	64	N/A
R3	S0/0/0	2000:f106:f208:23::3	64	N/A

【实验内容】

1. 基础配置

（1）IP 地址和路由配置

① 路由器 R1。

```
R1(config)#interface Serial0/3/0
R1(config)# ip address 192.168.12.1 255.255.255.0
R1(config-if)#no shutdown
R1(config)# ip route 0.0.0.0 0.0.0.0 Serial0/3/0
```

② 路由器 R2。

```
R2(config)# ipv6 unicast-routing
R2(config-if)#interface Serial0/3/0
R2(config-if)#ip address 192.168.12.2 255.255.255.0
R2(config-if)#no shutdown
R2(config-if)#interface Serial0/3/1
R2(config-if)#ipv6 address 2000:f106:f208:23::2/64
```

R2(config-if)#**no shutdown**

③ 路由器 R3。

R3(config-if)#**interface Serial0/3/0**
R3(config-if)#**ipv6 address 2000:f106:f208:23::3/64**
R3(config-if)#**no shutdown**
R3(config)# **ipv6 unicast-routing**
R3(config)# **ipv6 route ::/0 Serial0/3/0**

（2）IPv6 静态 NAT-PT 配置

地址转换如表 8-6 所示。

表 8-6　地址转换表

内部 IP 地址	转换 IP 地址
192.168.12.1	2000:F106:F208:1::1
2000:F106:F208:23::3	192.168.3.3

（3）静态 NAT-PT 配置

R2(config)# **ipv6 nat prefix 2000:F106:F208:1::/96**
//配置用于 NAT-PT 转换的地址池，前缀长度必须是 96，后缀地址由 IPV4 地址转换成 16 进制得出
R2(config)# **ipv6 nat v4v6 source 192.168.12.1 2000:F106:F208:1::1**
//R3 访问地址 2000:F106:F208:1::1 时，地址转换为 192.168.12.1
R2(config)# **ipv6 nat v6v4 source 2000:F106:F208:23::3 192.168.3.3**
//R1 访问地址 192.168.3.3 时，地址转换为 2000:F106:F208:23::3
R2(config)#**interface Serial0/3/0**
R2(config-if)# **ipv6 enable**
//连接 IPv4 网络的接口需要启用 IPv6 协议
R2(config-if)# **ipv6 nat**
//在接口启动 NAT-PT
R2(config)#**interface Serial0/3/1**
R2(config-if)# **ipv6 nat**

2. 实验调试

（1）查看 NAT-PT 转换过程

> R1#**ping 192.168.3.3**
> R2#**debug ipv6 nat**
> //先在 R2 上开启 NAT-PT 的调试，再到 R1 进行 ping 测试
> *May 23 03:28:57.893: IPv6 NAT: IPv4->IPv6: icmp src (**192.168.12.1**) -> (**2000:F106:F208:1::1**), dst (**192.168.3.3**) -> (**2000:F106:F208:23::3**)
> //IPv4 到 IPv6 协议和地址的转换过程
> *May 23 03:28:57.909: IPv6 NAT: IPv6->IPv4: icmp src (**2000:F106:F208:23::3**) -> (**192.168.3.3**), dst (**2000:F106:F208:1::1**) -> (**192.168.12.1**)
> //IPv6 到 IPv4 协议和地址的转换过程

（2）查看 NAT-PT 转换信息

> R2#**show ipv6 nat translations**
> Prot IPv4 source   IPv6 source
>   IPv4 destination   IPv6 destination
> ---   ---
>   192.168.12.1   2000:F106:F208:1::1
> //前面配置的静态转换
> icmp 192.168.3.3,40   2000:F106:F208:23::3,40
>   192.168.12.1,40   2000:F106:F208:1::1,40
> //ping 产生的临时转换规则
>
> ---   192.168.3.3   2000:F106:F208:23::3
>   ---   ---

（3）IPv6 动态 NAT-PT 配置

地址转换如表 8-7 所示。

表 8-7 地址转换表

内部 IP 地址	转换 IP 地址（池）
192.168.12.1	2000:F106:F208:1::1
2000:F106:F208:23::3	192.168.3.1-192.168.3.20

(4) 动态 NAT-PT 配置

R2(config)# **ipv6 nat prefix 2000:F106:F208:1::/96**
R2(config)# **ipv6 nat v4v6 source 192.168.12.1 2000:F106:F208:1::1**
//配置 IPv4 到 IPv6 的静态转换条目
R2(config)#**ipv6 access-list v6v4**
R2(config-ipv6-acl)#**permit ipv6 2000:F106:F208:23::/64 any**
//匹配需要 IPv6 到 IPv4 动态转换的地址
R2(config)#**ipv6 nat v6v4 pool v6v4_Pool 192.168.3.1 192.168.3.20 prefix-length 24**
//匹配 IPv6 到 IPv4 动态转换的地址池，名字为"v6v4_Pool"
R2(config)#**ipv6 nat v6v4 source list v6v4 pool v6v4_Pool**
//配置动态 NAT-PT 转换，关联地址池和 ACL，可使用附加参数"overload"进行过载配置
R2(config)#**interface Serial0/3/0**
R2(config-if)# **ipv6 enable**
R2(config-if)# **ipv6 nat**
R2(config)#**interface Serial0/3/1**
R2(config-if)# **ipv6 nat**

3. 实验调试

(1) 查看 NAT-PT 转换过程

R3#**ping ipv6 2000:F106:F208:1::1**
R2#**debug ipv6 nat**
//先在 R2 上开启 NAT-PT 的调试，再到 R3 进行 ping 测试
*May 23 05:12:23.819: IPv6 NAT: IPv6->IPv4: icmp src (2000:F106:F208:23::3) -> (192.168.3.1), dst (2000:F106:F208:1::1) -> (192.168.12.1)

(2) 查看 NAT-PT 转换信息

R2#**show ipv6 nat translations**
Prot	IPv4 source	IPv6 source
	IPv4 destination	IPv6 destination
---	---	---
	192.168.12.1	2000:F106:F208:1::1
---	**192.168.3.1**	2000:F106:F208:23::3

//动态 NAT-PT 从地址池第一个地址建立转换关系
    192.168.12.1   2000:F106:F208:1::1

| --- | **192.168.3.1** | 2000:F106:F208:23::3 |
| --- | | --- |

参 考 文 献

[1] （美）Allan Johnson. 思科网络技术学院教程：扩展网络. 思科系统公司，译. 北京：人民邮电出版社，2015.
[2] （美）Rick Graziani. IPv6 技术精要. 夏俊杰，译. 北京：人民邮电出版社，2013.
[3] 梁广民，王隆杰. 思科网络实验室 CCNA 实验指南. 北京：电子工业出版社，2009.